江西省教育厅高校人文项目

"疫情防控背景下减税降费政策对小微企业纾困效果评价研究——以江西省为例"

（项目编号：JJ20231）

生态文明建设实践探索及财税政策研究

——以江西省为例

SHENG TAI WEN MING JIAN
SHE SHI JIAN TAN SUO JI
CAI SHUI ZHENG CE YAN JIU

YI JIANG XI SHENG WEI LI

孟召博 著

立信会计出版社
LIXIN ACCOUNTING PUBLISHING HOUSE

图书在版编目（CIP）数据

生态文明建设实践探索及财税政策研究：以江西省
为例／孟召博著．—上海：立信会计出版社，2022.9
ISBN 978-7-5429-7159-3

Ⅰ．①生… Ⅱ．①孟… Ⅲ．①生态环境建设-研究-
江西 Ⅳ．①X321.256

中国版本图书馆 CIP 数据核字（2022）第 181358 号

策划编辑　　王斯龙
责任编辑　　王斯龙

生态文明建设实践探索及财税政策研究——以江西省为例
SHENGTAI WENMING JIANSHE SHIJIAN TANSUO JI CAISHUI ZHENGCE YANJIU YI JIANGXISHENG WEILI

出版发行　　立信会计出版社
地　　址　　上海市中山西路 2230 号　　邮政编码　　200235
电　　话　　(021)64411389　　传　　真　　(021)64411325
网　　址　　www.lixinaph.com　　电子邮箱　　lixinaph2019@126.com
网上书店　　http://lixin.jd.com　　http://lxkjcbs.tmall.com
经　　销　　各地新华书店

印　　刷　　江苏凤凰数码印务有限公司
开　　本　　710 毫米×1000 毫米　　1/16
印　　张　　15.5　　插　　页　　1
字　　数　　231 千字
版　　次　　2022 年 9 月第 1 版
印　　次　　2022 年 9 月第 1 次
书　　号　　ISBN 978 - 7 - 5429 - 7159 - 3/X
定　　价　　69.00 元

如有印订差错，请与本社联系调换

前　　言

　　2021 年是中国共产党成立的 100 周年,是"十四五"开局之年。在这一年,我国全面建成小康社会,开启了全面建设社会主义现代化国家的新征程。改革开放以来,我国经济发展迅猛,经济社会发生了很大变化,综合国力显著增强,经济制度充满生机与活力,物质文明和精神文明获得长足进步。经济的高速发展也给生态环境带来了极大压力。在之前很长一段时期,我国有些地区过度重视 GDP 的增长,生产方式偏粗放,"重经济、轻环境",破坏了生态平衡,导致部分自然资源出现枯竭。进入新时代以来,部分地区被破坏的生态环境已经成为经济可持续发展的阻碍因素。例如,江西省部分地区粗放、无序地开采稀土,导致矿山废弃、矿区沙化、水土流失等。面对这种情况,人们开始不断反思,对人类赖以生存的大自然进行重新认识,习近平生态文明思想应运而生。

　　习近平生态文明思想体现为以人为本、人与自然和谐共生的生态理念和以绿色为导向的生态发展观。生态文明建设要求我们不能再以牺牲和破坏自然环境为代价来发展经济,而要在发展的过程中实现经济效益、社会效益和生态效益的共赢,这也是我国新时代发展的行动指南和根本遵循。我们应坚持能源资源节约和生态环境保护,增强可持续发展能力。党的十八大将生态文明建设纳入"五位一体"中国特色社会主义总体布局。党的十九大提出了一系列生态文明建设的建议,将生态文明作为我国发展的千年大计,强调经济增长由注重"速度"向注重

"质量"转变。"十四五"时期的生态文明建设，将以"双碳"①为目标，实现经济的绿色、高质量发展。

2017 年，中办、国办印发《关于设立统一规范的国家生态文明试验区的意见》，在福建、江西、贵州三省首批开展国家生态文明试验区建设。这是对江西省"绿水青山"的一种认可，也是对江西省不断开展生态文明建设的一种肯定。国家希望江西省能依托自身的"绿水青山"，做好治山理水、显山露水的文章，创新体制机制，从生态系统整体性出发，加快构筑山水林田湖草生命共同体，纵深推进国家生态文明试验区建设，打造美丽中国的"江西样板"。

江西省拥有丰富的自然资源，2020 年的有关数据如下：森林覆盖率稳定在 63.1%，已知的野生高等植物 5 117 种，占全国总数的 17%；作为长江流域的重要省份，水资源丰富，水域面积占全省的 10%；动物资源丰富，野生脊椎动物占全国总种数的 13.5%，其中鄱阳湖生态保护区的鸟类、江豚等物种非常丰富；旅游资源丰富，"四大摇篮""四大名山""四个千年"②共同形成红色、绿色、古色相得益彰的旅游文化；矿产资源丰富，地质条件优越，铜、银、钨等 10 多种矿产储量居全国前三。改革开放以来，江西省矿产资源的高强度开采，带来了很多潜在危险和能源问题，如二氧化碳排放量过大、环境污染严重、能源枯竭等，逐渐成为制约经济可持续发展的重要因素。如何在有效保护环境的同时，实现经济发展与生态效益的和谐统一，已成为江西省各级政府和社会群众广泛关注的热门话题之一。

财税政策作为政府治国理政和生态文明建设的主要手段之一。现

---

① "双碳"是指碳达峰、碳中和。
② 江西省红色旅游中的"四大摇篮"是指中国革命摇篮井冈山、人民军队摇篮南昌、共和国摇篮瑞金和中国工人运动摇篮安源。江西省的"四大名山"是指庐山、井冈山、三清山和龙虎山。江西省的"四个千年"是指千年瓷都景德镇、千年名楼滕王阁、千年书院白鹿洞书院和千年古寺东林寺。

阶段,我国生态文明建设领域的财税政策还存在财政资金落实不严谨、税收优惠政策不完善、立法层次较低等问题。研究如何通过财税改革,实现经济与生态环境的可持续发展,具有重要的理论和实践意义。

孟召博

目 录

第一章 绪 论

第一节 研究背景与意义

一、研究背景

工业文明的快速发展是导致生态环境被破坏的主要原因之一。全球很多国家都面临着不同程度的能源枯竭和环境污染问题。我国改革开放以来的高速发展主要依赖于能源的高投入,即长期以煤炭、石油等能源作为经济快速发展的主要支撑之一。而随着开采的不断深入,很多如能源紧缺、矿山破坏、环境污染等问题逐渐暴露出来,导致生态环境逐渐成为阻碍当前经济高质量发展的主要因素之一。

党的十八大以来,生态文明建设被纳入"五位一体"总体布局,我国以前所未有的力度持续推进生态文明建设,实施了一系列行之有效的方案,生态文明理念逐渐深入人心,污染治理程度不断提升,环境保护工作取得了历史性的进展。"十三五"期间,重点生态功能区的生态补偿中央财政资金达到了 3 524 亿元,极大地增强了对"三区三州"①的支

---

① "三区三州"指西藏自治区、青川滇甘四省藏区、新疆南疆四地区和四川凉山州、云南怒江州、甘肃临夏州。

持力度;持续推进建设全方位环境监测体系,大气、水、土壤等自然资源的国家环境监测体系基本完成。2020 年全国地级及以上城市的控制质量达标率达到 59.9%,二氧化碳排放的强度也比 2015 年下降了 18%,水土流失、水质等方面均有较大的改善,但是全国的生态环境状况指数(Ecological Index, EI)为 51.7,与 2019 年相比变化不大。可见,我国的生态质量全面提升任重道远。① 现实的环境情况也要求我们把生态文明建设作为千年大计,坚持树立人与自然和谐的生态伦理观,树立"绿水青山就是金山银山"的理念。

2020 年 9 月,中国明确提出了 2030 年碳达峰和 2060 年碳中和的"双碳"目标,将致力于碳排放"清零"。"双碳"目标属于生态文明建设整体布局的主要部分。江西省作为国家生态文明试验区,在实现"双碳"目标的压力下,要尽快进行低碳产业转型,解决碳排放与经济发展的脱钩问题。财政作为国家治理的主要组成部分,对推动生态文明建设也有着至关重要的作用。2021 年 12 月 27 日,全国财政工作视频会议明确提出要完善生态文明财税支持政策,推动绿色低碳发展。党的十八大以来,国家也不断通过财税方面的改革来推进生态文明建设,比如开征环境保护税,调整消费税、资源税、增值税及企业所得税等。2020 年我国环境保护税税收为 199.9 亿元,相对前两年略有下降,这体现了税收的激励和调节作用,税制"绿化"效应逐渐显现。江西省要以此为契机,依托国家的财税政策调整,创新生态文明制度,打造"江西样板"。

二、研究意义

(一)理论意义

首先,资源过度耗减与经济发展从我国早期发展的相互依存,发展

---

① 2020 中国生态环境状况公报。

到资源过度耗减逐渐成为经济高质量发展的"瓶颈"。这是摆在"双碳"目标面前急需解决的问题,是社会各界的共同关注点。如何通过财税政策来引导资源的合理利用,促进环境的有效保护,实现能源消费与经济增长的有效"脱钩",是当前学者研究的主要方向之一。

其次,生态文明是一种典型的公共产品,呈现强烈的外部性,即效用外溢。而公共产品的外部性、市场失灵、搭便车等现象,一般都通过政府的政策来矫正。财税政策作为政府调控的重要工具之一,可以通过转移支付、税制调节等方式有效地纠正生态文明的外部性。这就决定了财税政策在生态文明建设中的不可或缺性,也体现了财税政策对生态文明建设的主要作用,丰富了生态财税理论与实践体系。

最后,本书通过分析我国现行的财税政策,立足于江西省生态文明发展的现状,客观地剖析生态文明建设中财税政策理论与实践的不足,通过充分吸取发达国家关于生态财税政策的有效经验,然后提出符合江西省省情的生态财税政策改革措施,更加有效地利用财税政策推进生态文明建设。同时,这也有利于完善我国的财税政策和税收理论。

（二）现实意义

实现生态文明发展的可持续性、能源消费与经济增长"脱钩"等是我国实现经济高质量发展的主要任务。财税政策作为政府宏观调控与微观决策引导的主要手段,能直接或间接影响企业的生产行为和改变社会的产业结构,因此构建财税视角的生态文明体系具有重要的现实意义。

首先,能源消费与经济发展的正相关性,短期内还很难改变,我国仍面临着艰巨的"双碳"目标任务和生态文明建设的压力。一方面经济要高质量发展,就要不断改善能源需求,尤其是化石能源需求要不断降低,大力发展清洁能源、技术创新来适应生态文明建设的要求;另一方面随着能源储量的不断减少,能源开采和使用成本不断上升,而进行能源成本的代际转移不符合可持续发展的代际公平理论,因此只有通过政策引导、战略调整,把握长期与短期、整体与局部的关系,久久为功,不断加强对能源结构的宏观调控,才能有效地解决环境污染问题,实现经济可持续发展和生态环境逐渐改善的双重目标。

其次,江西省作为南方地区非常重要的生态安全保护屏障,应始终坚持生态优先、绿色发展、民生为本的原则,不断进行制度创新,实施创新驱动战略,加快绿色崛起。但是,目前江西省面临着经济快速发展和生态环境保护的双重压力。这主要是因为江西省经济高速发展的同时,也伴随着自然资源的消耗和无序开采,导致省内环境污染的情况比较严重。近年来,经过不断努力,江西省生态环境保护也取得了较好的成果。例如,江西省 2020 年的空气优良天数比例达到"十三五"期间的最高,为 94.7%;城区集中式生活饮用水水源地水质达标率达 100%;污染地块安全利用率达 90% 以上;国家"两山"实践创新基地("两山"即"绿水青山就是金山银山")总数在全国排名第二。在生态优势逐渐得到稳定和提升的同时,江西省 2020 年的全年综合能源消费量比 2019 年还增加了 2.9%,达到 5 817.21 万吨标准煤,城市建设用地的总面积持续增长。

最后,制约江西省高质量绿色发展的矛盾仍未得到解决。从长期来看,江西省将仍然处于高耗能的工业化发展阶段,带来的资源环境压力还会不断提升。在"双碳"目标的最新生态文明形势下,如果不能合理地处理好工业化发展和生态环境保护之间的关系,势必会出现环境严重破坏和能源耗尽的尴尬局面,进而影响江西生态文明建设的可持续发展。财税手段能够助力生态文明建设的发展。例如,使用征税的方式可使人们意识到环境保护的必要性,可以实现生态环境负外部性的成本内部化和资源的合理配置,有利于实现经济发展与生态环境保护的双赢,推动经济发展与碳排放尽快脱钩,实现"双碳"目标,构建高质量的社会发展格局。

第二节 文 献 综 述

一、生态文明内涵研究

(一)国外生态文明内涵研究

20 世纪 60 年代,蕾切尔·卡森的《寂静的春天》被公认是环境保护的开山之作,它描述了一个乡村遭受化学农业危害而发生的变化,让人们开始关注生态环境问题。1972 年联合国提出了可持续发展的理念,很多国家和地区逐渐开始关注生态环境,并采取了一系列措施。国外出现"生态文明"这个说法比我国稍晚,最早出现在 1995 年罗伊·莫里森的《生态民主》一书中,书中指出生态文明是工业文明发展到一定程度后的一种必然转型。Gare(2010)认为生态文明具有多样性与差异性的特点,而且只能产生于工业文明之后的全球化秩序中。Magdoff(2012)认为生态文明是一种人和人、人和自然之间和谐共生关系的可持续发展文明。越来越多的学者认同生态文明是人与自然、人与人的关系等社会关系的和谐发展。他们对生态环境保护、可持续发展的深刻认识,主要源于发达国家的先进工业文明,而且早在 20 世纪 50 年代伦敦就出现了"烟雾"事件,比利时、美国、日本等国家都出现过类似的环境污染事件,均造成很严重的后果。

(二)国内生态文明内涵研究

我国关于生态文明的研究,最早出现在 1987 年的全国农业生态讨论会上,叶谦吉先生提出了生态文明的概念,阐述了人与自然的和谐统一。随后有学者开始从各自的角度展开研究。周鸿出版的《生态学的归宿——人类生态学》(1989),对生态学进行初步的探索;李绍东(1990)认为,人类对环境的过度利用和忽视导致"生态危机",而生态文明是伴随着人类对环境的理性认识、积极的社会实践及生态科学的发展而逐渐产生的,并提出了经济、社会及生态三效益相统一的经济评价标准。申曙光(1994)认为,生态文明作为一种新的文明,将克服当前社会的各种危机,逐渐取代工业文明。李建国(1996)明确提出生态文明是以人与自然和谐发展为特征的文明,其包含人与自然和谐发展的物质文明和尊重生态的精神文明。谢艳红(1998)认为基于完善行政管理、市场经济体制及健全法治建设的可持续发展道路是实现生态文明的主要路径。潘岳(2006)认为生态文明是人、自然与社会的协调统一,而且作为对工业文明的超越,生态文明也是社会主义文明体系的基础。王慧敏(2003)认为,人口、资源和空气等环境危机引出生态文明,而生态文明最核心的部分就是包含了人地、代际及代内等平等关系的生态平等;王如松(2008)认为,生态文明是一种天人关系,需要寻求人类与自然的平衡状态。谷树忠等(2013)认为,生态文明除了人与自然的关系,还包括生态文明建设和代际发展、生态文明和当今文明的两个关系;赵振华(2015)认为,生态文明是人类发展中必然的、理性的选择,是对以前生活、生产的反思,社会主义生态文明建设要处理好政府和市场、中央和地方、企业和个人等的关系;刘燕、薛蓉(2019)认为,广义的生态文明除了人与自然的生态环境、人与人之间的人文生态环境外,还有人与自身之间的心理生态环境,最终形成物质、政治及精神文明的基础;王雨辰(2021)认为,社会主义生态文明理论基础是坚持历史唯物主义话语的思想,要坚持"生态生产力观",坚持"以人民为中心"的政治价值取向。

从上述生态文明内涵研究可以看出国内外学者对生态文明的认识大同小异,都强调人与自然的和谐发展,人类应该遵循自然发展规律,社会主义生态文明更强调"以人民为中心"的主体地位和马克思主义自然观的理论基础。

二、生态文明建设研究

(一)国外生态文明建设研究

在理解生态文明的基础之上,如何进行生态文明建设,国内外学者有着不同的理解和观点。早在20世纪70年代,美国学者诺德豪斯就认为,人类如果不改变生活、生产方式,那必将承担严重的后果。美国生态经济学家克里福·柯布提出了生态文明建设的三个过程:首先,要抛弃以前的思考和生产方式,要形成新的生态方式;其次,要通过改变现有的土地使用状况来推动生态文明建设;最后,经济增长和生态文明建设要共同发展,协调好经济发展和生态环境的关系。Schneider(2010)指出生态文明建设的关键在于协调社会生产与生态资源承载力之间的关系,推动两者和谐发展,实现社会效益最大化。Baranenko(2014)认为来源于企业内外部的创新能力是产业可持续发展的关键。Cohen等(2015)认为作为开放型的共享经济可以提高资源效率和减少资源浪费,促进社会生产和消费的相互制约,实现可持续发展。Maniatis(2016)从生态效益、绿色健康及绿色品牌构建等角度,来构建绿色消费环境,促进生态发展。

国外关于碳排放的生态文明研究,主要基于科斯定理,倡导建立合理碳排放交易市场。但是各学者对碳排放权交易制度的有效性存在分歧。一方面,有学者认为碳排放权交易制度的减排效应并不显著。Streimikiene等(2009)基于欧洲国家的碳排放数据发现碳交易政策并不能有效抑制碳排放增加。Sangbum Shin(2013)针对我国排污权交易对二氧化硫等污染物减排效果的研究同样指出,排污权交易制度并未起到实质性作用。另一方面,更多学者认为碳交易制度显著影响低碳减排。Karan等(2009)通过分析2005—2007年全球碳排放数据,指出碳排放交易体系的成立可以有效降低全球碳排放总量。

总之,国外学者具有代表性的观点如下:一是认为生态文明建设就是要化解工业文明建设所破坏的自然环境,不但要从思想上改变以前人类看待自然的方式方法,还要通过不断发展和创新生态保护的技术,或者调整产业结构等方式,协调好社会生产和资源承载力之间的关系;二是从企业的角度来分析生态文明建设,企业要从内部进行理念转变和科技创新,从外部适应生态经济需求,进而达到推动生态文明建设的目的。

(二)国内生态文明建设研究

改革开放以来,我国经济在高速发展的同时,也付出了巨大的环境代价,面对日益严重的生态环境危机,国内学者也有不同的观点。石山(1995)认为生态文明建设就是协调人与自然的关系,要从提高全民生态意识、杜绝掠夺性的经济行为以及与自然生态保护区、森林公园等建设相结合等方面来入手。文戈(1999)认为生态文明建设是可持续发展的基础,人类需要建立人与自然、人与社会和谐发展的思维,并通过变更生产、生活方式等行为进行实践。金光风(2000)希望通过构建和谐生态观和自我保护的绿色文化来促进生态文明建设。邓集文(2008)立足环保管理体制角度,从建立环保垂直管理体制、加强环保管理机构建设以及制定环保综合管理法律等角度来推动生态文明建设。

有的学者是从资源与环境方面考虑的。刘根华(2008)认为,生态文明建设要注意资源现状、社会进步、民生需求以及环境承受力等四个方面的协调,主要要保护自然环境和有效利用自然资源,否则地球会面临更严重的生态危机。张婷婷(2012)认为,生态文明的建设过程中面临着社会矛盾、教育压力、消费无序以及经济发展等多方面的矛盾,从长远发展来考虑,生态文明建设极为必要,但是需要协调好各个方面的问题。张传峰等(2013)认为,环境污染、自然资源紧缺等问题是国际性问题,大家要共同努力保护生态环境。丁宁(2018)认为,稀缺的资源和较高的环境成本是阻碍中国经济增长的关键因素。

有的学者是从生存与发展方面考虑的。陈牧一(2013)认为,生态文明的主要目标就是解决人类生存和发展的问题,为其提供有利的生态环境。黄世贤(2013)认为,社会主义生态文明要坚持以人为本,重点解决人与自然、人与人之间的矛盾。张理甫(2019)认为需要通过不断加强我国的治理力度和监管制度,才能尽快地恢复和改善生态环境质量。冯雪红(2021)从不同的角度梳理国内学者的观点,发现关于生态文明建设的研究,所涉的学科和学科之间的交叉研究不够,而且研究的系统性不足,因此要从财税理论与实践的角度来探索生态文明建设的路径。

随着"双碳"目标的提出,很多学者开始从碳排放的视角来研究生态文明。张伟伟(2014)通过分析跨国面板数据,发现国际碳市场的建立对抑制全球碳排放有显著作用。陈醒等(2017)通过分析国内七个碳交易试点地区发现,仅广东、湖北和深圳地区碳交易对碳排放效果较为显著。曹丽斌等(2020)结合新冠肺炎疫情,利用柯布-道格拉斯函数分析发现长三角地区碳排放呈现放缓趋势。计紫藤(2021)认为,央行需要通过金融产品创新对碳排放进行合理定价。周莹莹等(2018)认为,碳排放的压力主要来源于能源、重工业等领域,建议从能源结构、效率及工业转型等角度实现减排。张立等(2020)强调了"碳达峰"评估体系和监督考核机制的重要性。李治国等(2021)通过样本分析发现,制造业向优质协同发展导致实现碳排放目标的难度仍较大,尤其能源消费是主要影响因素,技术进步则是实现碳排放目标的关键。胡鞍钢(2021)认为"双碳"目标既是挑战更是机遇,要建立倒逼机制,通过"目标—问题—效果"的导向作用促进绿色转型。林伯强(2022)认为,碳中和要求节能不仅仅需要提高能源效率,更需要利用市场化手段来实现产业结构绿色转型,坚持生产侧和消费侧并重。

三、财税政策与生态文明建设相关性研究

关于通过财税政策促进生态文明建设的研究,国内外学者已经有很

多的研究成果。很多国家或地区为了修复生态环境和推动生态建设发展,都积极尝试将财税政策作为主要的手段之一,也就是"绿色财政"。

（一）国外相关性研究

1. 从生态税制角度研究

环境保护税最早是依据"外部性"理论提出的。马歇尔(1890)首次提出"外部经济"的概念,并在 1920 年研究公共产品时认为,环境污染是由经济活动中的外部性造成的。随后,庇古(1928)又在此理论基础上加以发展和充实,基于一般均衡模型,认为对企业污染物征收的税费应等于污染导致的外部边际损失。他认为,政府可以通过征税推动企业外部负成本内部化,促进企业重视对环境的保护。但是科斯认为如果交易成本为零,且产权界定清晰,则完全可以通过市场机制来解决外部性的生态问题。1970 年,经济合作与发展组织(Organization for Economic Co-operation and Development, OECD)提出了"谁污染、谁付费"的原则,即污染者付费原则(Polluter Pays Principle, PPP)。OECD 的一些成员主要通过实施和创新生态财税政策来迫使企业考虑环境外部效应,协调生态环境和经济发展之间的关系。1996 年,OECD 通过系统性地对其成员国的环境保护税实施效应进行分析,提出了更加具体的实施方案,促进很多国家逐渐形成了适合自身特点的生态税制。

有些学者认为生态文明建设的前提是转变观念,树立人与自然和谐共生的理念,然后再从宏观的层面制定碳税、排污费、环境保护税等生态税收政策来推动生态文明建设。Tushman 等(2002)指出财税政策是有效解决当前能源和环境问题的主要手段。Peterson(1997)通过数据分析认为排污费与污染物减少之间存在显著相关性。Roberto 等(2005)通过数据分析环境税的影响,认为环境税可以带来环境改善和财政收入增加的双重效应。Ian Bailey(2002)对国外实施环保税的目标、分类以及运行机制进行分析,并阐述了环保税给长期市场带来的变化。Ghaderi 等(2016)通过分析伊朗的案例,认为环境保护税与污染物排放量两者之间存在负向关系。Sundar(2016)研究发现提高了环境保护税以后,空气中二氧化碳的浓度明显下降。Shmelev 等(2018)通过分析瑞典的数据发现,单纯的二氧化碳税并不足以减少区域内的碳排放量,需要与煤炭、石油及天然气等能源税相结合,效果才会更显著。

反之,也有学者对生态税制的作用有其他观点。Braulke 等(1981)通过较长期数据分析,认为征收排污费的作用是暂时的,长期来看并不能抑制企业的排污行为,甚至可能导致企业因缴纳了排污费而"心安理得"地进行排放。Pearce(1991)认为碳税在促进环境质量改善的同时,也会造成社会总福利的损失。Feinerman 等(2001)认为,简单采取惩罚性的排污费或环保税可能导致"寻租行为",政府与企业的博弈会加剧污染。

2. 从绿色财政角度研究

(1)从财政环保投入的角度研究:Cumberland(1981)和 Moretti(2004)认为,政府加大环保投入可以有效地解决区域竞争导致污染和负外部性问题;Lehoczki(1999)建议公共预算中包含环境利益相关支出,通过改变公共收支结构来促进绿色财政发展;Bernauer 等(2013)认为,政府财政支出规模的扩大可以有效地改善生态环境质量和增加社会福利水平。

(2)从财政集权与分权的角度研究:Levinson(2003)认为,财政集权能产生"竞争向上"的效应,有利于环境改善;与此相反,Stewart(1977)、Kunce 和 Schgren(2007)认为,地方政府严厉的环境制度可能会导致本区域内的资本外流,资本的损失可能会超过环境改善的收益,进而使地方政府降低环境标准,形成区域间的环境恶性竞争;Holmstrom(1991),Mintz 等(1986)认为,如果政府考核以 GDP 等指标为主,则地方政府将努力提高经济增长速度,会降低对环境的监管程度,去吸引企业并创造更多就业机会;Avik Sinha(2016)通过对印度的城市进行数据分析认为,在财政分权情况下,更利于释放环境保护的信号,提高生态环境质量。

（3）从绿色财政的其他角度研究：Monasterolo 等（2018）研究发现，政府实施绿色财政可以通过信贷市场和企业预期来推动经济绿色发展；Gramkow 等（2017）通过分析巴西地区制造业的数据，认为绿色财政可以有效促进企业技术创新和绿色转型；Halkos 等（2013）通过分析1980—2000 年 70 多个国家的面板数据发现，财政支出对环境的影响要分为污染物引起的直接效应和受到收入水平影响的间接效应；Riksson 等（2003）则认为收入均等化程度与生态环境污染之间有相关性，收入分配政策越公平则污染越少；Abdessalam 等（2013）研究表明，地方政府经常存在放松生态环境质量监管的动机，而且会追求税收竞争，这导致环境变得更差；Brammer（2011）认为，绿色采购需要识别采购政策的成本与收益、采购产品的可得性、购买者政策熟悉度以及相关组织能力等因素，才能实现绿色采购效益最大化；Vatalis 等（2012）通过数据分析对英国地方政府的绿色采购进行评价认为，地方政府绿色采购既要加快绿色产品生产，又要注重产品的绿色低碳转型。

（二）国内相关性研究

1. 从生态税制角度研究

关于税收在生态文明建设中的职能，国内学者通过定性与定量、理论与实践等方法对绿色税制的结构、税制调整对生态经济的影响等角度进行了大量的研究与分析。

（1）从生态税制内涵角度研究：王金南（1994，1997）在分析国外相关国际绿色税收的起因、实施过程及绩效基础之上，指出我国的绿色税收主要针对大气污染和温室效应，因为水污染和固体废物污染可以直接采用行政管理手段解决；王晓光（1998）在借鉴芬兰、瑞典等国家开征环境税基础上，尝试提出我国可以开征燃料税、噪音税、垃圾税以及水污染税等，并强调要做好"排污费改税"以及生态税款专款专用等工作；计金标（2000）通过对生态税收的系统阐述，指出资源税和环境税作为绿色税收体系的重要组成部分,两者应该相互配合使用,共同促进资源环境成本在税收中的体现;欧阳洁等(2020)认为,生态文明的发展需要财税政策的积极作用,并从顶层设计、资金支持、绿色税收和政府采购四个角度来构建生态财税体系。

(2)从财税政策作用角度研究:谭珩等(2008)认为可以通过不同的税收政策,形成差异化的资源价格,从而影响市场供求关系,最终引导人们形成生态化生产行为和生活方式;钱巨炎(2010)认为,实行新的生态税种,既有利于改善环境,还能提供足够的财政资金支持;王辉(2011)认为,生态文明建设过程中,财税政策主要是用来优化环境资源配置、矫正"市场失灵"产生的负外部性和补偿正外部性;苏明等(2012)、孙荣洲(2015)强调了财税政策在生态文明建设中的重要调节作用,可以通过税收优惠等激励政策引导企业积极使用节能环保产品、投资绿色产业,还可以通过征税来矫正环境污染的负外部性行为;蒋金法等(2016)认为,生态文明建设应当发挥税收调节作用,并从具体税种改革角度提出有效建议;李平(2017)提出,如果给予地方政府因地制宜地制定相关的生态税收政策的权利,将会加大对资源综合利用和环境保护的监管力度;赵蕾(2012)在分析国外发达国家做法的基础上,认为绿色税收制度的执行要平衡效率与公平,并从官员考核、法治建设、财税政策及宣传教育等角度提出解决措施。

(3)从环保税的角度研究:郑熠等(2015)分析了开征环境保护税对税负转嫁以及可能导致通货膨胀对经济增长等方面的影响,并提出相关解决措施;卢洪友等(2016)通过数据模型研究发现,征收环境保护税不但可以减少碳排放还可以提高整体产出水平;刘志雄(2018)认为,我国要扩大环境保护税的范围,把碳税、硫税、污染税等都纳入进来,从而有效减少污染;李英伟(2021)认为,自排污收费转为环境保护税以来,整个生态税制尚未系统化,存在很多弊端,需要加强环境保护税与资源税、消费税等其他税种之间的协同性,并形成完善的生态税费体系;李升(2011)分析了环境保护税征收过程中可能产生的经济发展、宏观税负、通货膨胀及制度改革等风险,为顺利平稳推进环境保护税改革提出建议;张宇杰、时苗(2022)认为,环境保护税是解决生态环境问题的有力措施,具有不可替代的作用,但是仍存在征税范围较窄、税负偏低及征管不规范等问题,对此提出了相应的改善建议。

(4)从其他生态税制角度研究:吴俊培、万甘忆(2016)认为,1994年的分税制改革对以后"三高"经济增长方式具有引导的作用,导致政府行为决策的扭曲;郑颖(2008)认为,现行税制对石油、煤炭等能源的调节能力不足,绿色税制内容呈现零散化和无系统性,生态税制调节的目标缺少长远性;刘丽萍(2009)认为,消费税、资源税等带有生态属性的税制,仍存在征税范围过窄、形式单一等问题,导致对生态环境的约束力偏弱;杨志勇(2016)认为,资源税、消费税、企业所得税都有利于生态文明建设,但是很明显未形成系统性合力,"绿化程度"还不够导致作用有限;钟美瑞等(2016)指出,矿产资源的过度开发带来了环境破坏、代际不平衡以及不利于国家稳定等问题,所以很有必要通过资源税来推动可持续发展;中国国际税收研究会、北京市地方税务局课题组(2018)认为资源税设计不合理,没有充分体现生态治理与恢复的外部成本,甚至很多政策还存在相互抵消的作用;李春根等(2019)认为消费税的"绿化"功能偏弱,涉及资源和环境污染性的产品太少;王梦媛(2021)通过分析京津冀地区数据发现,资源税存在税率偏低和税目、税种不完善等问题,导致税收收入额与生态损失成本不相符,并提出了相应的政策措施。

2. 从绿色财政角度研究

(1)从绿色财政内涵的角度研究:杨蓓、李霞(1998)最早提出"绿色财政"的概念,认为绿色财政注重经济增长与环境保护、注重本国发展与全球发展、注重短期利益与长期利益,推动人与生态和谐共生;王金南、吴舜泽、禄元堂等(2007)认为,绿色财政是由财政和税收共同组成的,其将明确中央与地方的财、权、事的财政体系与落实环境保护税、价格及产权的税制体系相结合;曾纪发(2012)认为,要构建独立的绿色预算,并与绿色税收、绿色采购、绿色转移支付以及绿色财税管理等共同组成绿色财政体系;刘西明(2013)认为,绿色财政的目的是推动经济绿色发展,主要包括绿色投资、绿色采购、绿色补贴及绿色税收等;王桂娟、李充(2019)认为,绿色财政是当前生态文明建设的制度保障,并尝试从政府间财政关系、绿色税收、绿色财政支出、绿色政府采购等四个方面构建绿色财政。

(2)从绿色财政的必要性角度研究:曹洪军、刘颖宇(2008)通过建立指标体系和灰色关联度模型,对我国 1995—2005 年的环保经济手段效果进行分析,认为环境保护财政投入对生态文明建设起到最主要作用;刘成玉、蔡定坤(2011)认为,因为生态文明的公共产品属性和外部性的特征,决定了生态环境建设中公共财政支出的无可替代性,需要通过公共财政来支持农村环境、植树造林、环境就业以及生态文明建设相关配套措施等;朱小会(2017)、李宏岳(2017)认为,环保专项资金和生态环境的改善程度存在极强关联性,加大环保投入可以有效改善环境污染的状况;王金南(2021)通过梳理"十三五"期间财政政策与生态文明建设的发展情况,认为财政支出有力地支撑了生态文明建设,并从财政支出的渠道、领域以及绩效等角度提出改善建议。

(3)从构建合理的财权、事权角度研究:张亮亮(2013)认为,当前环境财权与事权的不匹配导致县域财政压力增大,而且县域财政还过度依赖"两高"产业,都会成为阻塞绿色发展的主要因素,提出需要进行"省直管县"改革;李程宇、邵帅等(2017)发现地方政府间的"GDP 竞赛"、供给侧背景下的碳税政策等可能会导致"绿色悖论"现象,进而导致能源的过度开采,需要把碳税改革与科技研发补贴相结合来进行节能减排,并为降低我国环境治理市场风险提供解决对策;王育宝、陆扬(2020)通过构建生态环境与财政分权变量的四部门内生增长模型,分区域进行实证研究,认为在财税政策协调互补前提下,针对不同区域的地理、经济异质性特征制定差异化生态环境改善措施,最终可以实现财政经济和环境保护共赢;杨志安、吕程(2021)从财政分权的视角分析,认为地方政府在财政支出规模和结构、税收压力和区域竞争等方面的差异,导致生态文明建设过程的差异性,由此出现了"绿色悖论"问题,并提出构建合理的财政支出分权体制、预算绩效和监督体制等建议。

从财政分权对环境影响的正反面来分析:一方面,谢乔昕(2014)通过对省级数据分析认为,财政分权不仅会引致地方政府竞争,进而加剧环境污染,而且地方政府也会降低自身治理环境的行为动机;辛冲冲、周全林(2018)通过对2007—2015年我国省级面板数据的实证分析,认为财政分权与地方政府生态环境治理负相关,需要从财政转移支付、区域协作治理以及优化制度环境等方面来进行改革;吴勋、白蕾(2019)在对国内73个城市的PM2.5进行实证分析,认为中国式分权虽然可能会增加雾霾污染,但地方政府间的竞争也可以对雾霾污染产生抑制作用;张腾等(2021)认为,财政分权制度下的政治晋升激励会导致财政资金更多地投入短期有成效的污染类产业。另一方面,张宏翔等(2015)也指出财政分权能否导致环境质量恶化要辩证来看,分权下地方政府对于外溢性的环境污染倾向于被动治理,但是对于区域性环境污染,更倾向于主动治理;陆凤芝等(2019)基于2000—2016年的分省面板数据分析,认为适当地增加地方政府的分权度有助于改善生态环境污染状况。

从政府绿色采购的角度:顾玮(2015)认为,政府采购是对生态文明引导的重要手段之一,但是目前其生态效应还不明显;杨巨晨(2015)认为,目前政府绿色采购还存在程序还不完善、意识不强烈及体系不健全等问题;傅京燕等(2017)认为,政府采购体制的不完善主要体现在未涉及绿色产品供应链层面,进而影响了生态产品市场的构建;冼诗尧(2021)基于4E绩效评价理论,分析具体市政府绿色采购政策实施效果,认为当前还存在绿色采购资金利用率低、时效性差、信息不公平等问题,并从绿色采购政策体系建设、社会公众参与、提高执行水平等角度提出解决对策。

从绿色财政其他角度:崔龙燕、张明敏(2019)认为,生态补偿作为推动生态文明建设主要手段,需要理顺国家与政府、中央与地方、政府与市场三个关系,当前仍需要以中央为主、地方为辅来进行资源调配和决策部署;王丽民、刘永亮(2018)通过我国环境保护支出的综合衡量指标构建指标框架,为污染治理工作提供切实可行的方案;丁力(2021)在肯定财政支持与生态环境改善相关的前提下,分析了农村财政不足、财权事权不统一等问题,提出要加强生态财政资金的绩效管理和构建生态环境保护网络化治理体系等建议。

综合以上观点,现阶段我国生态财税政策还存在较多问题,国内外的学者已经从多种视角采用不同方法探究了财税政策与生态建设的关系,并提出了不同的改进举措。目前大多数研究围绕财政投入的管理、生态税制的设置、财政权责的平衡等角度展开,但是对具体地区的实践研究不多,为本书的研究提供了可能性和创新性。

四、国内外文献综述评价

通过对以上生态文明、生态文明建设、财税政策与生态文明建设等方面相关文献的阐述与分析,本书大致回答了什么是生态文明、什么是绿色财政和生态税收以及生态财政体系如何构建等问题。上述国内外学者的研究可以总结如下。

(一)生态文明相关研究有其共性

一是国内外针对生态文明的研究差异性不大,都聚焦在人与自然、人与人的和谐关系上,都强调生态文明建设的必要性和紧迫性。大多数学者把财税政策作为解决生态环境困境的主要对策之一,可以作为调控手段推动环境成本外部性的内部化,而且实践也证明财税政策是推动生态文明发展、实现"双碳"目标的主要手段,同时学者们对生态税制的设置提出了很多改革建议,取得了一定的效果。

(二)生态财税政策的内涵

生态财税体系是由绿色财政与生态税制共同组成的。绿色财政是基于生态可持续发展,促进资源代际公平而采取的系列措施,包括绿色采购、绿色补贴、政府性基金、绿色转移支付及绿色财政管理等。从广义的角度来看,生态税收是指所有带有生态环境保护目的而征收的税,包括环境保护税、资源税、消费税、城镇土地使用税、车船税以及其他促进低碳技术创新的税收优惠政策等。

(三)国内外研究侧重点略有不同

目前,更多的文献集中于财税政策与生态文明理论相关性的研究,而针对具体地区及典型案例的研究偏少。从凯恩斯主义强调政府宏观调控的作用以来,关于通过财税政策来解决环境问题的研究越来越多,许多国家也通过财税政策推动了节能减排、生态环保以及技术革新的发展。国外学者侧重于从经济增长、福利变化、污染积累等实证角度展开研究,国内学者更侧重于从环保税效应、中央与地方财权事权划分、绿色财政手段等角度展开研究。

(四)生态财税体系尚需完善

虽然我国部分生态税种在保护环境方面取得了一定成效,但是生态财税政策还需要不断完善,各生态税种间缺乏协调性和联系性,要解决"环境悖论""恶性竞争"以及绩效评价等系列问题。对于日益突出的环境问题,我们可以借鉴发达国家生态税收政策的经验,并紧密联系当前环境现状与税制现状,从生态财税改革的视角来构建生态文明建设财税体系。

第三节 本研究的基本情况

一、研究思路及方法

（一）研究思路

"生态财税政策作为政府宏观调控的主要手段，与生态文明建设的关系是怎样的？""实施生态财税政策对经济增长的影响是怎样的？""具体采取什么样的财税政策才能有效地推动生态文明发展，实现经济效益与环境保护双赢？"等问题是本书研究的落脚点。

本书的研究思路主要有以下几个方面：

（1）从生态文明、财税政策的相关理论基础及实践意义着手，分析财税政策与生态文明建设之间的相关性，探寻财税政策推动生态文明建设的经济学理论依据。

（2）立足于江西省的省情，分析江西省生态文明建设的发展基础、取得的成效、存在的问题等，为下一步展开讨论作铺垫。

（3）剖析我国生态文明发展与绿色财政、生态税制改革的历程，并分析江西省财税政策对生态文明建设的支持情况。

（4）分析财税政策支持江西省生态文明建设过程中存在的问题和制约因素，分别从财政与税收的双重视角展开。

（5）通过分析美国、德国、英国、日本等发达国家生态财税政策的成功经验，从立法层次、税收优惠、资金调用等方面，得出对江西省乃至我国生态环境保护有借鉴作用的经验总结和政策启示。

（6）从财税视角入手，综合考虑江西省的财政级次、税制现状、财力水平和手段等因素对生态文明建设的影响，尝试构建生态文明建设体系。

本书架构如图 1-1 所示。

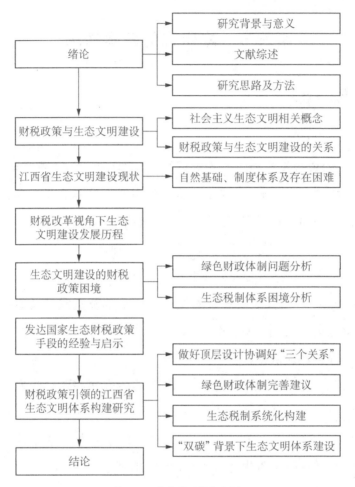

图 1-1 本书的结构框架图

（二）研究方法

本书主要采用以下研究方法：

（1）多学科综合研究法。生态文明建设的研究涉及对很多学科的综合性分析，本书主要立足于经济学视角下的财税理论，并综合应用一些生态学、环境学的知识。

（2）文献分析法。通过查询大量相关文献资源，并进行认真梳理，本书总结了生态文明、生态文明建设、绿色财政、生态财税等理论的国内外研究现状。掌握财税政策与环境保护、生态补偿、经济增长等相关研究动态,可以为本书的研究提供理论支撑。

（3）比较分析法。剖析发达国家通过财税政策助力环境保护、生态补偿等发展的主要路径,对比分析我国的财税政策,为江西省生态财税政策的完善提供可借鉴的经验。

（4）规范分析与实证分析相结合。本书既通过规范经济、制度经济等定性方法,对财税政策促进生态文明建设的公共产品、外部性、可持续发展、"两山"等理论作用机制进行分析;又通过数理模型来定量构建宏观生态价值与微观环境成本收益的核算体系模型。

二、本书的创新和不足

（一）创新之处

本书以江西省为例,系统地从财税政策的视角解读和分析江西省生态文明建设,并提出改革建议。这是比较独特的分析视角。本书结合"双碳"目标,从生态文明建设的法律、管理、内容、能源及核算等方面进行探索,在研究视角及范围上也具有一定的新颖性。另外,基于绿色财政与生态税制的视角,将资源税、环境保护税、低碳技术创新补贴纳入生态财税中,分析生态财税对经济增长、环境保护及生态产品的影响,也是本书的创新之处。

（二）不足之处

生态文明建设是国家的千年大计,国内很多学者从不同的角度进行了研究,相关图书、期刊及政策报告非常丰富。而鉴于一些客观条件以及本人的知识储备和阅读量有限,不能完全系统地展开分析,仅能针对现行生态财政政策中存在的问题进行分析,并结合江西省的省情提出相关建议。另外,相关数据收集比较困难,如环境保护税的收入等,导致本书没有充足利用生态文明的相关数据进行定量分析,可能会降低本书的科研水平。这也是我们以后进一步研究的方向。

第二章　财税政策与生态文明建设

第一节　社会主义生态文明

一、生态文明的概念

马克思认为,人本身就来源于自然界,所以不可能独立于自然界而存在。人类通过面对自然界的社会实践活动,来实现人与自然的互动。离开了自然界,人就没有办法获取基本的生活物资,所以人类要与自然界和谐共处,而不是企图征服它。生态文明本身就体现了生态和文明的双重含义。文明是随着历史沉淀下来的人类文化发展进程的成果,也是人们对客观事物规律的总结,有利于人们理解和适应社会,而且能被大多数人所认可。随着渔猎、农耕、工业等文明的不断演化进步,即经过渔猎时代、敬畏大自然的原始文明,到学会逐渐利用大自然的农耕文明,再到攫取巨大财富、征服大自然的工业文明,人和生态环境融合得更加紧密,并形成一种新的人类文明模式。生态文明也可以表述为第四种文明。工业文明时代在取得经济快速发展与巨大经济效益的同时,对环境的恶意破坏与过度利用,导致环境污染、生态失衡、温室效应、酸雨、物种灭绝、土地沙化、矿山破坏以及极端天气频发等问题层出不穷,尤其发达国家对发展中国家的资源掠夺和生态环境破坏非常严重,人们也逐渐开始反思人与自然的关系,生态文明理念应运而生。

生态文明是人类发展到一定阶段的物质、精神、制度体系的统称,是经济、政治、文化、社会的基础,其根本宗旨是人与自然、人与社会、人与人之间的和谐相处,其根本的目的是实现生态效益、经济效益、社会效益的平衡发展,其内涵是形成可持续发展的生产和消费方式。这种新文明的核心价值在于可持续发展,由自然环境和人类社会的规律结合,共同建立起来的一种人与自然和谐相处、社会与经济共同发展的模式。

在中国特色社会主义经济建设中加入生态文明建设,就是把节约资源、保护生态环境、提供居民生态需求作为目标,在经济建设中落实生态文明建设。社会主义生态文明观,包括坚持人与自然和谐共生、坚持山水林田湖草生命共同体的自然观,坚持良好的生态环境是最普惠的民生福祉的生态观,坚持绿水青山就是金山银山的发展观,坚持共谋全球生态文明建设的共赢观,坚持用最严格的制度保护生态环境的全民治理观,坚持生态兴则文明兴的文化观。

二、生态文明建设的内涵

生态文明建设,是马克思主义生态文明思想和中国特色社会主义思想在新时代的继承和弘扬。马克思在《资本论》中提道:在资本主义经济下,经济生产过程中产生的污染物非常多,严重破坏了生态环境,工人在这种环境中工作相当于以非人的方式存在。生态文明建设是基于马克思主义生态观发展起来的,并不断创新。生态文明建设的内涵在我国传统文化中也能找到答案,古人"天人合一"的理念就是强调人与自然的和谐统一。道家老子反对等级划分,表达人与自然的平等。儒家强调人对自然的友善,体现人与自然和谐共处,主张"可以赞天地之化育,则可以与天地参矣"。儒家孟子认为人对大自然的破坏会导致不好的后果,进而提出"故苟得其养,无物不长;苟失其养,无物不消"。佛教主张善待大自然万物和尊重生命,其"依正不二"理念,就体现了人类只有和自然融为一体,才能共存和获益,两者构成缺一不可的有机整体。

生态文明建设的发展,就是人类对人与自然关系不断反思和创新的历史。新时代社会主义生态文明建设的内涵十分丰富。首先,必须依托于较为发达的经济作为基础,才能实现传统产业生态化,发展低碳的战略性新兴产业,从而推动绿色经济的转型发展。其次,必须有很好的文化发展基础,人类只有形成正确的生态伦理观,才能身体力行地去实践社会主义生态文明建设,更加积极主动地保护我们的生态环境。最后,要形成完善的激励和约束体制机制,使生态文明制度深入人心,通过体制机制的不断创新来实现保护和治理生态环境的目标。

第二节 财税政策与生态文明建设的关系

一、财税政策的概念

从本质上来讲,在我国税收政策就是财政政策的一个分支,财税政策的表述虽然比较常见,但是不算标准的用语。本书为了体现财政和税收从不同的角度来助力生态文明建设,故采用了易于读者理解的说法。财税政策是以财政理论为依据,运用政府购买、财政补贴、转移支付、税收优惠、税率调整等财政工具,为达到一定的财政目标而采取的财政措施的总和。其目的是提高就业水平、增加国民收入水平、国际收支平衡、抑制通货膨胀或紧缩,进而实现经济的稳定增长。财税政策作为国家实施宏观经济调控的重要政策手段,在缩小收入差距、优化资源配置、稳定与发展经济、保障社会和谐等方面具有不可替代的作用。

二、财税政策作用机制分析

财政政策是政府调整税收和支出以便影响总需求进而影响就业和国民收入的政策。财政收入主要包括税收和公债,还有国有企业上交的利润等。财税政策在其执行的过程中,具有鲜明的阶级性,不同社会制度的财税政策理念也不相同。财税政策在执行过程中要强化与货币政策、产业政策以及分配政策等其他经济政策的协调配合。

(一)财政手段

政府推进生态文明建设的支出,主要有四种形式(图 2-1)。

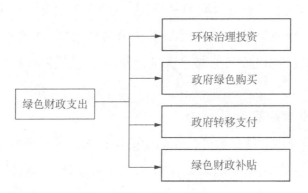

图 2-1　绿色财政支出的形式

1.环境治理投资

政府投资的目的在于解决"市场失灵"问题,其投资的关键领域是公共服务领域,生态环境保护作为典型的公共产品需要财政支持,尤其是农村环境治理、低碳技术研发、山水林田湖草沙系统治理等方面。

2.政府绿色购买

政府绿色购买包括政府的日常行政管理、国防建设、科教文卫等方面的支出。政府支出对于经济的调节作用较为明显,政府购买的一些支出具有一定的刚性,随经济周期波动不是很大。

3. 政府转移支付

政府转移支付主要是指一些跨区域、跨级别的资金转移,包括中央对地方的纵向支出和地区之间的横向支出。政府转移支付乘数效应要小于政府购买,但随经济周期波动,政府转移支付乘数效应也会大于政府购买。政府转移支付对于缩小地区经济差距、保障社会公平具有重要的作用。例如,当经济衰退时,人们的收入和国家税收会减少,进而引起失业的增加,如果通过转移支付增加救济金等福利支出,则可以抑制可支配收入的下降及消费需求的下降。

4. 绿色财政补贴

国家会根据经济形势和政策引导需要,通过财政转移的形式对国家关注的群体或者产业进行财政补助,其目的在于引导产业发展和促进社会稳定。绿色财政补贴主要是对从事污染治理、技术研发、环境保护、生态修复等事业的企业或个人进行补贴,以及提供低息贷款、PPP 融资等。

(二)税收政策

税收政策主要特指通过税收的相关法律制度来调节社会主义市场经济,由税收的实施主体、政策目标、具体手段以及实施效果等组成。

1. 税收的调节作用

(1)税收影响人们的收入,促进公平。例如,我国征收的有"自动稳定器"之称的个人所得税,就是调节收入差距、促进要素流动的主要手段之一。

(2)税收影响产业的调整,可以引导企业退出"三高"行业,进行绿色转型。例如,国家对高新技术产业的优惠政策等,可以促进产业结构符合国家的要求。

(3)税收影响生产和消费习惯。税收可以影响消费品的价格,进而调整产品尤其是生活用品的供需关系。对紧缺的原材料或产品征税,可以起到限制性调节作用。

2. 生态税制的内容

生态税制也称为绿色或环境保护税制,是指政府为了生态环境保护目的而开征的税种。但生态税区别于其他税的主要特征是,其设计的宗旨不是取得财政收入,而是保护生态环境,即减少污染或破坏环境的行为。生态税依据环境破坏程度、开采数量等征收。例如,针对自然资源使用开采量化征税的资源税,通过提高资源使用成本,减少资源浪费的现象;针对大气、水等污染物征收的环境保护税,通过外部成本内部化,提高企业运营成本,促使企业通过技术革新等手段减少污染物,推动污染物循环利用;引导企业减少对鞭炮、一次性筷子、小轿车、汽油等高污染产品使用的消费税;促进土地资源合理配置和节约利用的城镇土地使用税;燃油汽车征收的车辆购置税等,以及其他鼓励企业开展绿色革新、低碳技术研发、产业转型的增值税、企业所得税等优惠政策(图 2-2)。

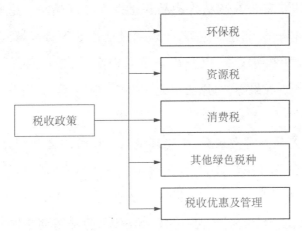

图 2-2　生态税制体系

(三)财政政策与货币政策

扩张性的财政政策配合紧缩性的货币政策会导致产量不确定,利率上升;紧缩性的财政政策配合紧缩性的货币政策会导致产量减少,利率不确定;紧缩性的财政政策配合扩张性的货币政策会导致产量不确定,利率下降;扩张性的财政政策配合扩张性的货币政策会导致产量增加,利率不确定。不同混合的政策会对不同人群的利益产生不同的影响，因此政策使用时不仅要看当时的经济形势，还要考虑政治上的需要。而且在公众与政府对货币政策的博弈中，建立对规则的信任比规则本身更重要，如政府和工会的"我不搞通胀，你别涨工资"的协议。

三、财税政策支持生态文明建设的理论依据

（一）公共产品理论

公共产品的特征体现为社会中每个成员对其的使用不会减少其他人对该产品的使用。纯公共产品具有非竞争性与非排他性的特征，主要由政府提供，因此政府的财政收支能力决定了其为社会提供公共产品的质量。如果政府的财政收支能力强，那么为社会提供的公共产品的功能就更强，可提供的公共产品种类也更加丰富，反之亦然。还有准公共产品，即兼有公共和私人物品双重性质的产品。一是非竞争排他性的物品，如桥梁、高速公路等，可以通过征税或收费来解决，但是会产生征管成本和缴纳成本，以及社会福利损失；二是具有外部效应的物品，如基础科研成果等，可以尝试通过 PPP、BOT 等市场模式来提供，会提高效率。

从公共产品的定义来看，生态环境就是典型的公共产品，一方面生态文明建设的正外部性，比如优美的生态环境具有非排他性，环境中每个消费者都可以享受；而且可以在不支付任何费用的情况下来使用。另一方面，正因为其公共产品的属性会出现"免费搭便车"的现象，会导致市场经济的调节无效，私人的投资不想介入进来，尤其是生态文明建设。例如，建设湿地公园的投资周期非常长，难以在短期内看到效益，导致市场的价格调节功能丧失，进而很可能出现"公地悲剧"。因此，需要政府来主导生态文明建设，而财税作为宏观调控的主要手段，充分体现了其必要性。"良好生态环境是最公平的公共产品"，生态文明建设的过程就是寻求资源节约型与环境友好型共同发展的过程，生态文明

建设也体现了公共产品供需的过程。

（二）外部性理论

简单来说，外部性主要体现在私人成本效益与社会成本效益的不均等，即外部经济对外部环境产生了有利的后果，体现为 $V_p < C_p < V_s$；外部不经济对外部环境产生了不利的后果，体现为 $C_p < V_p < C_s$。例如，企业生产污染了周围的空气、水以及土壤等，却没有为此付出代价。政府应该按照"谁污染、谁承担"的原则来进行外部性内部化，尽量避免出现"免费搭便车"的现象。通俗来说，市场机制很难约束消费者在不支付费用的情况下享受生态文明建设的成果的行为。

生态环境有明显的"外部性"。外部经济性可以从生态文明建设的公共产品属性来解释，每个消费者都可以公平享用生态文明建设带来的福祉；外部不经济是我们更需要解决的问题，如 20 世纪比利时的马斯河谷、美国的多诺拉、伦敦的"烟雾"、日本的水俣病等事件；21 世纪印度的恒河水污染、中国部分城市的雾霾和广西龙江河镉污染、美国和巴西的持续性旱灾等。这些触目惊心的案例均表明了外部不经济产生的巨大后果。针对外部经济的现象，可以通过财税政策来矫正，进而推动生态文明发展。

经济生态环境外部性的方式主要有两种：

一是庇古税。通过对外部不经济的行为征税，让污染环境的人自己承担所产生的外部环境成本，"以税控污"即外部性成本内部化。由图 2-3 可知，负外部性的边际私人成本 MPC 要低于边际社会成本 MSC，在同样的边际收益 MR 下，私人供给产量 $Q_p >$ 社会供给产量 Q_s。庇古税就是把 MSC 与 MPC 的差额 MEC，作为征税的依据，促使边际私人成本等于边际社会成本，促使社会按最优的产量生产。

二是政府补贴或减税。对受外部不经济影响的群体或者产生外部经济的企业进行补助，使私人利益和社会利益处于均衡状态。而科斯定理认为外部经济产生的根源在于产权无法明确界定。虽然科斯定理

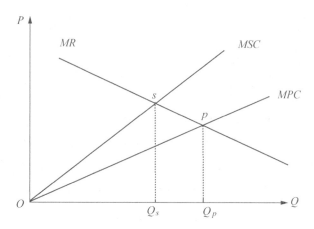

图 2-3　负外部性成因及效率分析

注：P 表示价格，Q 表示供给产量，p 表示私人，s 表示社会。

为生态环境的保护提供了理论基础，但是生态环境作为公共产品是很难进行产权界定的。因此还需要通过生态财税政策改变企业的经济行为及成本收益情况，引导私人目标与社会目标相一致。

（三）可持续发展理论

可持续发展理论最早来源于 1972 年联合国会议上对其理论框架的描述，其本质是对经济高度增长与环境保护之间的矛盾导致生态危机的反思。可持续发展理论要求在满足当代人需求的同时，不影响后代子孙的需求，遵循公平、持续、共同三大原则。在中国古代社会就已经产生了可持续发展的思想理论，其核心内涵是生态友好且可循环利用的经济发展。

在经历多次工业革命的变迁后，可持续发展理论中生态环境与经济发展的关系也得到人们深刻的认识。虽然生态环境具有自我净化能力，但是如果超过生态系统净化能力的极限，就会对生态环境产生极大的破坏。因此我们应采取措施，保护生态环境，减轻生态环境的污染负担并提升自我净化能力。如今，人们对可持续发展的认知达到了一致的高度，生态保护的工作将代代相传。

生态文明建设的目标就是实现经济社会的可持续发展。循环经济作为可持续发展理论的一部分,强调资源的回收及循环再利用。循环经济基于"3R"①原则,主要采取低排、低耗、高效的方式,引导人类采用可持续的生产方式和消费方式。对环境污染进行有效的约束,高效回收利用废弃资源,这样可以降低自然灾害的发生率,实现人与自然和谐相处的最终目标。

(四)环境库兹涅茨曲线

环境库兹涅茨曲线是由 Grossman 和 Krueger 在 20 世纪 90 年代提出的,反映人均收入与环境污染之间 U 型关系的曲线。其主要表现

为,国家经济发展初期人均收入偏低,生态环境污染较轻;随着经济快速发展人均收入增加,生态环境污染加重;当经济发展到一定程度或者说某个"拐点"以后,人均收入的增加会伴随着生态环境污染的降低,环境质量逐渐得到改善(图 2-4)。

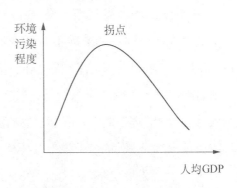

图 2-4　环境库兹涅茨曲线

可以用规模、结构及技术来解释该曲线。随着自然资源的投入加大,能源密集型产业的规模发展推动了经济高速增长和人均收入的快速提高,同时也导致生态环境污染程度加重;当经济增长到一定程度以后,人们意识到环境污染带来的严重后果,开始寻求经济结构转型升级,主要通过低碳技术研发、产业转移等手段,注重本区域内知识密集型产业的发展,从资本积累转向人力资源积累,逐渐实现生态环境的改善。

当前,生态文明建设成为我国千年大计,绿色发展成为"常态化"。党的十八大以来,我国环境恶化的趋势得到有效遏制,经济发展水平已

---

① 减量化:reduce、再利用:reuse、再循环:recycle。

经来到环境库兹涅茨曲线的拐点。随着生态文明建设不断深入，经济与环境协同发展的局面逐渐实现，但在根本上还需要通过技术革新、创新驱动、污染防治来实现环境保护与经济增长的长期协同发展，推动经济与环境完全"脱钩"，巩固绿色发展成果跳出"环境库兹涅茨陷阱"（环境库兹涅茨陷阱是指一国生态环境质量受到各种因素影响，迟迟未能逾越环境库兹涅茨曲线顶点的现象）。

（五）"两山"理论

"两山"理论作为习近平生态文明思想的核心，是新时代生态文明建设的方针政策。该理论坚持绿色发展可以实现经济与生态"双赢"的观点，是对我国人类发展至今人与自然关系的反思、认知和实践的总结，也是对生产力理论和实践不断创新的新时代研判。

早在 2005 年，习近平同志在浙江省就科学地阐述了绿水青山与金山银山的辩证统一。2013 年习近平在哈萨克斯坦纳扎尔巴耶夫大学的演讲被认为是"两山"理论的完整表述。"两山"理论要求我们要在保护好"绿水青山"的基础之上获得"金山银山"，要建立一条从"绿水青山"转换为"金山银山"的可持续发展之路，让"绿水青山"真正成为"聚宝盆"。

随着社会的不断发展，"两山"理论也在不断创新，习近平又陆续提出了"人与自然是生命共同体""山水林田湖草是生命共同体""人类命运共同体"等系列论断。这些论断体现了人与自然的内在一致性，强调人与自然的协调发展。"两山"理论是对经济发展与生态环境保护关系的重大论述、强调人与自然的辩证统一。"两山"理论以马克思生态文明思想为基础，与中国特色社会主义发展的国情相结合，是马克思主义中国化的不断创新，是新时代中国生态文明建设的重要指南。

四、财税政策遵循的基本原则

（一）公平与效率原则

生态产品具有公共产品的属性，因此在财税政策的制定中要注重避免外部性的影响。一方面,要体现税收公平。环境保护税应秉承"谁利用、谁纳税"的原则,既要避免"免费搭便车"的情形,也不能损害未得利益者的正当权益。生态税种应选择差额税率,横向和纵向的视角均要对纳税人一视同仁,不得出现类似于国有、民营之间的差别待遇,以体现税收公平原则。另一方面,要体现代际公平。在生态系统中,人类对自然的消耗,不能只考虑当代人的需求,毫无节制地开发和损耗,要考虑后代人对自然资源的需求。当代人不能掠夺后代人对自然资源的享有权,阻碍他们的发展,应该在满足当代需求的同时,保护生态环境,代代相传。

效率是指在生态文明建设中,尽量地实现"花小钱、办大事"的原则,比如尽量用少的投入来实现更多的生态税收效益和生态环境效果。我们要在减轻征税成本的同时,快速有效地使税收入库,节约国家人力资源,尽可能地减小征税成本占税收收入的比例,提高征税和管理效率。制定税收政策促进资源的合理利用,就是提高生态效率,促进人与自然共同发展。生态税收应处理好政府与市场的关系,完善税收体系,指导生态资源的配置,促进经济向前运行。公平与效率相辅相成,相互协调。税收公平是效率的前提,效率则为税收公平提供动力。生态税收的本质是"谁污染、谁治理",要做到公开透明、专款专用,实现社会生态公平。

(二)生态目标优先原则

"两山"理论已经明确提出,特殊情况下宁要"绿水青山"不要"金山银山"。生态优先主要是对以前经济优先、"唯 GDP"等观念的纠正。在国家政策层面上,强调对官员的生态绩效考核;在企业发展层面上,鼓励和支持企业单位采用新型环保节能技术、引进环保设备,把生态文明建设目标作为优先原则考虑。税收本身具有无偿性、强制性的特点,社会公益性是生态税收区别于其他税收的独特性。税收的功能是增加财政收入、调节经济运行和社会活动,生态税收除了具有以上的功能外,还具有治理生态问题、治理环境污染、促进资源合理利用等功能。

（三）税收弹性原则

税收弹性主要是指财税政策在推动生态文明发展的过程中，要注意生态税收收入发生变化对经济发展的影响，用公式表示如下：

$$税收弹性 = 税收增长率/GDP增长率$$

税收弹性反映的是社会宏观税收负担程度对经济运行规律的影响，简单地说，就是税收负担与经济发展的协同情况。一般认为，当税收弹性为1时，税收与经济发展基本一致。国际标准认为，税收弹性的合理区间是0.8～1。

因此，在生态文明税收体系建设中，应注重税收弹性，在税种和税率的设置中将税收负担控制在合理范围内，在不加重生态污染纳税人超额税收负担的情况下，推动生态文明的环境保护、自然资源的有效利用。

五、财税政策与生态文明建设互相依赖

国家通常采用财政支出、税收增减变动等手段对纳税主体进行调控。生态财税政策是一类为生态文明建设而征收的财税政策，以税收政策为主，由多种税收组合而成，并非单一的税种。生态财税政策通过向自然资源的利用人和破坏者征税，并根据使用程度和破坏程度进行分类征收，有效发挥税收在生态文明建设中的保护作用，其目的是增强纳税人对生态环境的保护意识。生态财税政策的制定和不断完善，就是对生态环境进行更加合理的利用和保护，时刻关注生态环境的变化，构建完善的绿色财税体系，不断推进生态文明事业的可持续发展。

（一）生态文明建设离不开财税政策的支持

生态文明作为公共产品离不开政府的支持，离不开财政资金的投入

和税收政策的调节。党的十八大明确指出,科学的财税体制是优化资源配置、维护市场统一、促进社会公平、实现国家长治久安的制度保障。财税政策的制定和实施不仅属于经济范畴,还属于政治的范畴;不仅是"财",还要更加突出"政"。财政制度是国家治理的主要组成部分,其在调节的过程中,至少涉及政府与市场、中央与地方、个人与社会以及经济文明、社会政治的各个方面。生态环境保护必须依靠制度。目前,我国生态文明制度体系中的绩效评价、国土空间开发保护、资源产品价格调整、生态价值补偿、绿色发展导向等,均与财政制度有着密切的关联,或者本身就是财政制度的重要组成部分。

（二）财税政策助力生态文明建设

1. 优化资源配置

有效的财政政策可以激发市场活力,提高国民收入。为了充分发挥市场在资源配置中的决定性作用,弥补市场失灵给社会经济带来的负面影响,财政政策历来被各国政府作为主要的调控手段。例如,20 世纪30 年代,凯恩斯经济学的政策有力地解决了金融危机的问题;美国在20 世纪60 年代、80 年代均通过减税降费等财政政策刺激经济快速增长。我国在新型冠状病毒疫情的特殊时期,也不断地通过减税降费减小中小企业的压力,激发微观主体的活力。生态文明建设需要政府的干预,而且最好由政府来主导,通过构建完善的"绿色财政"体系,可以调整产业结构,大力发展低碳、智慧、健康、数字等产业,逐渐淘汰高污染、高排放、高消耗的产业。政府的介入可以承担市场经济不能完成的任务。

2. 引导正向激励

国家可以通过税收减免、财政补贴等政策引导企业转变生产方式、应用绿色技术、提高生态环境保护意识;也可以引导社会资本进入绿色产业,减少企业绿色发展融资成本。让传统企业逐渐体验到技术进步、成本降低带来的"绿色红利",变被动为主动地促进生态文明建设。而且根据 Tullock(1967)提出的双重红利理论可知,对污染行为征税,既可以得到环境改善福利,提高生活质量,又可以替代部分扭曲性税种,获得推动经济增长与提高就业水平的红利。

3. 强化约束与惩罚

财税政策可以强化对高耗能产业的限制,促进外部不经济内部化,实现私人成本与社会成本的一致,优化资源配置,实现经济与生态环境的绿色发展。生态环境的公共属性决定了市场这只"看不见的手"失灵,需要政府这只"看得见的手"来进行干预,即可以通过财税政策的调控,明确生态环境修复和保护责任,促使企业或个人承担负外部性所产生的成本,为外部不经济负责。

4. 筹集必要资金

政府对生态环境的补偿,需要投入大量资金,因此需要绿色财政筹集大量的资金。征收环境保护税、消费税等,运用类似转移支付等其他手段,可以让资金向生态文明建设倾斜,保证生态补偿的资金需求。

5. 推动公共服务均等化

当前,国内很多生态功能区的经济发展还依赖于传统的碳排放产业,导致在强调生态环境的时代背景下,经济发展受到限制,失去很多快速发展的机会,进一步拉大了与发达地区的差距。国家需要发挥转移支付、税收等财税政策的再次分配功能,推进公共服务均等化,也需要发挥宏观调控的职能,促进产业绿色转型,实现"两山"转化。

6. 绿色财政的社会福利变化分析

在征税或补贴的情况下,产品均衡价格为 E_0。当政府给予采用绿色行为的企业补贴时,企业的供给曲线移动到 S_1,均衡的产量也由 Q_0 移动到 Q_1;补贴以后的均衡价格变为 E_1,生产者剩余增加了 $P_1E_1BP_3$;消费剩余增加了 $P_0E_0E_1P_1$,政府补贴面积为 $P_1E_1AP_2$,即差价与均衡数量的乘积。虽然整个社会的福利有所损失,但是由于政府绿色补贴行为会鼓励更多的企业采取技术研发、低碳转型、购买节能

设备等措施,使整个生态环境的质量得到提升,而环境改善的收益面积为 AE_0BE_1,则社会的净收益公式如下:

$$净收益 = 生产者剩余增加 + 消费者剩余增加$$
$$- 政府绿色补贴损失 + 环境改善收益$$

则净收益面积为 E_0BE_1(图 2-5 阴影部分的面积),因此政府对企业进行正外部性绿色补贴是有效的。

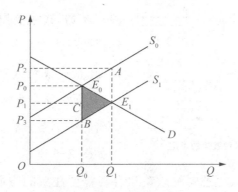

图 2-5　政府绿色补贴效应分析

(三) 生态文明促进税收机制创新

从 20 世纪 70 年代开始,西方国家就把税制改革作为限制生态环境污染的主要工具。随着我国生态文明布局的不断深化,税收作为遏制和扭转生态环境、促进生态环境保护的手段变得越来越重要。传统税收调节主要以"惩罚"为主,如烟酒产品的消费税、能源的资源税、滥用资源和破坏环境行为的排污费、"以税控污"理念开征的环境保护税等。排污费与环境保护税本质上具有一定的一致性。只是前者随意性较大、更倾向于生产环节;而后者更规范,可以涵盖生产、流通及消费环节,而且随着环境保护税的开征,我国也逐渐实现了生态环境保护环节"费改税"的转变。其实这些税制都带有间接税的性质,其税负转嫁给了最终的消费者,调控效果不是特别理想。只能说通过这种价格调节,可以促使消费方式和行为的转变。

习近平生态文明思想为生态财税的探索提供了新的思路。国家可以制定"激励"式的差别化税制来处理生态环境问题,引导环境主体形成环保意识,体现"寓禁于征"的理念。例如,我国资源税的征收更多地体现了资源有偿开采、级差调节收入的目的,而非主要体现节约资源;"激励"式生态财税政策是针对环保的行为进行税收优惠或财政补贴,让企业或个人自觉选择绿色方式,从而引导企业转变生产方式、消费者转变消费方式。财税政策的类型如图2-6所示。

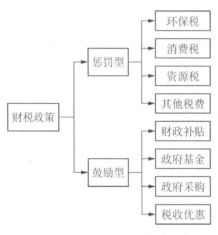

图 2-6　财税政策的类型

实施"激励"式生态财税政策也存在需要注意的方面。一是财政补贴。在财政补贴方面,存在引导企业进行生态环境改善和机制创新的挤入效应和信息不对称导致补贴资金难以监管、有可能存在改变资金用途的挤出效应。二是政府基金。在政府基金方面,可以通过技术、能源类基金来支持低碳技术转化,但与财政补贴类似,也存在挤入和挤出效应。三是税收优惠。税收优惠本质上是政府对收入的一种转让,可通过税收减免或优惠的直接效应或通过对企业大规模绿色采购的间接效应来影响企业的绿色行为。

第三节　生态文明建设的实践基础

生态文明建设的核心在于理顺自然、人、社会的辩证关系,在人与自然和谐的基础上发展经济。

一、社会主义生态文明实践的必然选择

社会主义生态文明基于中国特色社会主义的具体实践,主要内容包括建设资源节约型、环境友好型社会,山水林田湖草生命共同体;坚持"两山"理论,切实保护和修复好生态环境。当前,我国的经济发展主要依赖于资源消耗,基于"三高"(即高能耗、高物耗、高污染)的粗放式发展方式短期内还很难扭转,总体环境形势依然严峻。面对环境的破坏和资源的消耗,我国要实现经济的可持续发展,就要加快经济绿色转型的步伐。另外,随着国际形势的不断变化,当前我国"三驾马车"拉动经济的发展方式也需要改变。结合当前的社会矛盾,我们需要增加高端绿色产品供给,走高质量发展之路,采用循环经济发展方式,坚持以科学发展观为指导,发挥政府的主导作用,协调好政府与市场之间的关系,遵循人与自然、人与社会之间的发展关系。

二、生态化生产方式的内涵

前面已经阐述了生态文明产生于人类对工业文明的反思。生态文明建设的前提就是弥补工业文明带来的弊端,消除其固有的缺陷,将工业化生产方式转变为生态化生产方式。生态化生产方式不是要完全取代旧的生产方式,而是对旧的生产方式进行改造升级,它既包含旧的生产方式,又包含新的生产方式。因此,生态文明建设的生产方式也应在工业化生产方式的基础上升级改造,在生产、消费等方面进行改变。从文明发展的意义上来说,工业化生产方式是一种只顾人类自身而不顾自然的生产方式。它对自然资源的掠夺性开发以及对生态环境的破坏和污染,使自然仅仅成为人们可以随意获取物质利益和倾泻废物的"原料库"和"垃圾场"。这种生产方式是不可持续的。近一个世纪出现的各类环境污染事件就是最好的佐证。生态化生产方式体现为一种可持续的生产方式,它更注重生态环境保护,考虑生态环境的承载能力。

　　绿色发展是实现生态、经济及社会三者平衡和良性循环的根本,而财税政策又是促进绿色发展的重要手段。生态系统融入经济与社会的发展,弥补了道格拉斯函数、内生经济增长模型等理论的缺陷。而外部性的存在导致市场经济很难对生态系统进行补偿,容易导致经济的不可持续。

　　在传统发展模式下,社会系统通过资本和劳动、生态系统通过生产要素和服务共同推动经济发展;经济系统通过商品和服务反馈社会系统,提升居民生活水平;社会系统把消费的垃圾或污染物返还给生态系统,导致环境不断恶化,进而影响生态系统生产要素的质量和水平,导致经济增长逐渐放缓,最终形成恶性循环。绿色发展模式下,社会系统产生的部分污染物或废弃物可以通过循环经济模式再次回收利用,形成了生态、经济及社会三系统相互制约、相互协同、共同发展(图2-7)。

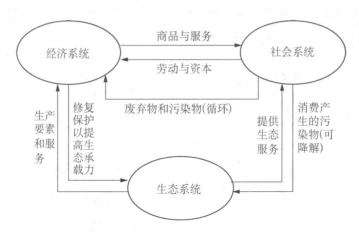

图 2-7　生态、经济及社会系统协调机制

三、生态化生产方式的特征

(一)对生产活动的基本要求不同

　　在工业化生产方式下,企业主要着眼于自身的成本和利润,其发展目标是追求利润最大化,而不在乎对大自然的破坏。而且,企业面临的社会压力非常小,大多不重视社会责任。另外,市场"无形的手"的调节

作用也非常有限。在企业社会大生产循环中,企业生产的目的具有单向性,只是关注市场有没有需求,而完全没有考虑或很少考虑产品消费对生态环境的影响。消费垃圾也可以随意进入自然环境。消费垃圾的处理成本要由社会承担或由大自然慢慢降解。因此,工业化生产方式加速了自然资源的枯竭和生态环境的污染,也致使拜金主义和享乐主义的横行。

生态化生产方式在社会化大生产中要充分考虑生产对生态环境的影响,体现在取得原材料、生产过程以及消费垃圾处理或回收利用上。生态化生产方式要求在生产和消费等方面做到社会成本内部化,不能影响生态环境。生产性企业要生产绿色产品,把绿色理念贯穿产品的全过程。消费者要绿色消费,选择节约适度的消费方式,抵制浪费。

(二)对生产关系的基本要求不同

生产力主要体现了生产活动中人与自然、人与人之间的技术性关系。生产关系则体现了人与人之间的物质利益关系。工业化生产方式更多地体现了私利性,其根源在于资本主义经济制度,是没有办法完全消除的。而生态化生产方式既体现生产中的物质关系,更表现为精神关系,即德智体美劳的全面性。生态化生产方式突出了非物质的生产活动,着重于人类的可持续发展、追求精神的自由和解放,与大自然融为一体。因此从本质上说,生态文明建设体现了社会主义的特征,与社会主义的目标是一致的,而与资本主义私有制的经济性质是对立的。当然,社会主义生态文明建设需要漫长的历史发展过程,要全面完成对工业文明的彻底改造,进而成为新时代社会发展的主导文明形式,还有很长的路要走。

四、生态财税体系逐渐完善

(一)绿色财政初步形成

"十三五"期间,我国逐步理顺中央和地方在权责界定、资金协调、区域均衡等方面的关系,做到生态环境保护下的财权和事权的相匹配,不断完善生态补偿的体制机制创新,加大对重点生态功能区和污染防治专项资金的投入力度,构建了绿色转移支付制度,提高了对低碳、高新、智慧、数字等产业的帮扶和资金支持力度,探索了多元化生态补偿市场机制建设,加强对生态资金的评价和干部问责机制,倡导绿色生产和绿色消费方式。

(二)资源税制度改革逐步推进

资源税于1984年就开始征收,其目的是防止资源过度开发,通过征税来弥补目前较低的资源使用价格,维护资源代际公平。资源税发挥着维护国家资源权益和调节资源禀赋差异的作用,体现了"使用者付费"的原则。作为我国开征比较早的税种,以国有资源有偿使用为前提,引导企业节约资源,采用资源级差征收、多开采多征收的正向激励政策。

我国资源税作为地方税种,地方政府有一定的税率调整权,最早对矿和盐实行定量征收,2010年以后开始针对原油、天然气等试点从价计征,并逐渐扩展到西部的其他地区;2014年开始对煤炭采用从价计征,并于2016年在全国展开,大多数矿产采用从价计征,并取消其他不合理的费用。资源税的计税方式改革可以发挥价格的杠杆作用。2016年在河北省进行水资源税试点,2017年试点范围扩大到9个省市地区,引导大家树立节约用水的观念。目前,为了促进贫瘠地区资源开采,税务部门针对深水油气田、低品位矿和废矿、衰竭期矿区等开采产品给予20%或30%的减征税额。

我国开征资源税的目的是引导单位和个人合理开发和利用资源,减少不必要的资源滥采,保护自然资源,调节级差收益;同时,通过税收手段,筹集资金,用于生态保护,维护代际公平。资源税绿色改革是贯彻落实新发展理念、践行"两山"理论,推动经济高质量发展、建设社会主义生态文明的重要方式。

（三）消费税生态环保逐渐发展

消费税是国家针对特殊商品征收的一种税，具有间接税的性质，遵循"使用者付费"的原则，引导社会消费方向和调节消费品供求平衡。消费税与生态环境保护息息相关，已经成为生态税制体系的主要组成部分。

不同的消费品采用不同的税率，可以有针对性地调节消费品的供需情况。消费品征税税率较高的，消费者在购买该消费品时需要缴纳更多的税额，这样可以减少购买需求。例如，酒类是用粮食酿造的，酒类消费税可以减少酒的购买需求，进而减少粮食的消耗；实木地板、一次性筷子等的消费税征收类似于资源税，可以减少对森林资源的开采；燃油、小汽车、摩托车等的消费税征收类似于环境保护税，可以减少环境污染；石油等资源并非取之不尽用之不竭，因此对这些消费品，可以通过征收更高的消费税引导人们的消费行为，进而减少对石油资源的开采。当征收消费税的消费品价格高于绿色替代品价格时，就会形成替代效应，消费者将会选择更节能环保的产品。因此，国家可以利用消费税进行消费行为的调节，促进环保政策的实施，引导消费者选择和使用环保产品，进一步达到保护生态环境的目的。

（四）环境保护费改税已经实施

环境保护税开征的目的在于改善生态环境，减少污染物排放，达到保护生态环境的目的。环境保护税作为针对生态环境保护的独立税种，于2018年1月1日正式实施，开征之前是以"排污费"的形式运行的。当前，我国环境保护税主要涉及大气污染物、水污染物、固体废物及噪声等四类污染物，依据污染物的排放量计税。其中，大气和水污染物税额设置一定幅度，具体适用税额由各地区统筹考虑；固体废物按种类区域税额从量征税，噪声按超标分贝数对应税额标准征税。目前，为了激励企业主动节能减排和环境治理，环境保护税也制定了优惠政策。例如，纳税企业排放污染物，如果低于标准值一定的水平，则享受相应的税率折扣。

环境保护税按照"谁污染、谁负责"的原则,对向大自然排放污染物的行为进行征税,可以促进生态环境损害鉴定评估等相关产业的发展,引导企业和个人提高生态保护意识,促进人民群众享受到更好的生态生活环境。2018—2020年,江西省的环境保护税收入约9亿元。其中针对大气污染物的征税所占的比重最高,税额约6.5亿元;对水污染物的征税税额约2亿元;对固定废物和噪声的征税税额约0.5亿元(图2-8)。

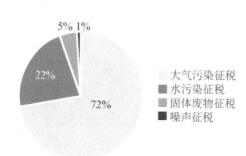

图2-8 2018—2020年江西省环境保护税占比情况

其中,大气污染物又以氮氧化物的征税比重最高,达到43.2%,一般性粉尘的征税比重为23.5%,二氧化硫的征税比重为19.5%,这三种污染物合计占大气污染物的征税比重超过86.2%。水污染物以化学需氧量的征税比重最高,达到46.4%,悬浮物的征税比重为9%,氨氮的征税比重为5.6%,这三种污染水污染物合计占水污染物的征税比重达到61%。固体废物以煤矸石的征税比重最高,达到44.7%,尾矿的征税比重为17.2%,冶炼渣的征税比重为13.3%,这三种污染物占固体污染物的征税比重超过75.2%。

环境保护税的征收对象主要是制造业和采矿类行业,占比达到60%以上。"费改税"征管模式的改变,规范了征纳程序,提高了企业纳税意识。2020年相比2017年(环境保护税实施前)纳税户数增长99.8%,达到1.7万多户,越来越多的企业被纳入环境污染防治监管体系。随着企业污染排放逐渐达到国家标准,纳税减免额也在不断增加。2018—2020年,江西省达到污染排放标准的550户企业合计减免税额达2.8亿元,企业利用减免资金可以持续加大低碳环保投入。

（五）其他税种"绿化"程度不断提高

一是体现在税收优惠政策上。随着生态文明建设的不断深入,为了鼓励企业更加专业化、规模化地进行防污治污,更好地支持生态文明建设,税收优惠的范围也在不断变化。增值税主要采用免税、即征即退及先征后退等优惠政策,如针对废弃物回收利用的免税政策、利用新能源行为的即征即退等。企业所得税也对综合利用资源制定了优惠政策。例如,企业合理利用资源,制造符合国家标准的产品的,可以在应纳税收入中去除该项收入所得。二是体现在小税种上。城市维护建设税收作为地方政府收入,主要用于城市道路、公共设施、污水处理等方面,大多与环境相关;城镇土地使用税也是为了促进土地资源合理利用;车辆购置税、车船税等也体现了绿色理念。简而言之,我国当前与生态税制比较相关的税种主要有环境保护税、资源税、消费税、城市维护建设税、城镇土地使用税、车辆购置税、车船税以及耕地占用税等。增值税、企业所得税种与高新技术企业、低碳技术研发以及科技成果转化相关的优惠政策也可以作为生态税制激励的一部分。

五、中国特色社会主义生态文明实践理念

（一）坚持新发展理念

新发展理念(即创新、协调、绿色、开放、共享的发展理念)为中国特色社会主义生态文明建设指明了方向,是新时代解决我国生态危机问题的前提。创新是新发展理念之首,生态文明建设离不开理论、文化、制度、科技等方面的体制机制创新。只有坚持创新引领,才能构建新的生态文明发展产业体系。协调是解决当前经济社会不平衡和补齐短板的关键所在。生态文明建设需要地区、城乡、物质和精神、经济和生态环境等之间的协调发展。绿色理念与生态文明一脉相承,强调人与自然的和谐发展。绿色发展要求社会产业结构绿色转型、生产方式低碳化、消费方式绿色化。开放是生态文明建设的必然诉求。经济全球化背景下,生态文明建设要依

托国内外的合力,构建新的全球经济治理体系和全世界人类命运共同体,坚持各国之间合作共赢。共享是生态文明建设的最终目标和基本要求。社会主义生态文明建设就是要解决社会分配不公平、资源配置不合理、生态环境差异化等问题,促进人与社会的全面发展。

(二)坚持中国特色社会主义制度

西方发达国家发生生态危机的根源在于资本主义制度,是由资本主义的私有性所决定的。社会主义作为更先进的制度体系,我们要树立制度自信,坚持中国特色社会主义发展道路,坚持以人民为中心,不断践行"两山"理论。生态文明是继封建社会的农耕文明,资本主义社会的工业文明以后发展起来的新的文明,需要更先进的社会主义制度来作为支撑。中国特色社会主义制度的目标与生态文明建设的要求具有一致性,都是坚持以人为主,注重人与自然的和谐统一。可见,生态文明建设是中国特色社会主义制度的重要组成部分。

(三)坚持走生态优先发展道路

除了中国特色社会主义制度的支撑和新发展理论的指导外,更重要的是要探索出一条适合国情的生态文明发展道路。一是从核算体系角度,要把自然资源的价值、生态系统退化、环境治理损耗等纳入国民核算体系,把环境污染等社会成本纳入企业成本核算;二是从法制建设角度,坚持生态优先立法原则,特殊情况下宁要绿水青山不要金山银山,坚决杜绝污染环境的因素进入社会化大生产中;三是从意识角度,加强生态宣传,提高人民生态意识,进行全面生态教育,构建生态文明和谐发展大环境。

(四)生态理念内涵不断丰富发展

随着社会的不断进步,我国生态文明理论与实践也在不断丰富和发展,从 20 世纪 80 年代开始,森林法、草原法、渔业法、矿产资源法等一系列法律的提出,到 21 世纪科学发展观、资源节约型和环境友好型社会、生态文明理念、"两山"理论、山水林田湖草生命共同体以及"双碳"目标的提出都是对生态文明理论与实践内涵的不断丰富和发展。

第三章 江西省生态文明建设现状

第一节 自然基础优势

2016年8月,江西省被列为首批国家生态文明试验区。生态是江西省的本色,积蓄勃勃生机;绿色是江西省的底色,孕育无限希望。江西省森林资源、生物资源、水资源均非常丰富,共同组成了较为完整的生态循环系统。"十三五"期间,江西省围绕建设"富裕美丽幸福现代化江西"的目标,深入开展生态系统保护构建,着力促进生态产品价值转化,聚焦生态环境突出问题,依托系列生态示范工程、统筹推进"五河两岸一湖一江"①系统治理,全省生态环境质量明显得到改善。

一、天更蓝

"十三五"期间,江西省的空气质量持续优化。2020年,全省PM2.5浓度年均值为30微克/立方米,比2019年下降了14.3%,比2016年下降了33.3%(图3-1)。2020年,省内各设区市的PM2.5浓度年均值达

---

① "五河"是指赣江、抚河、信江、饶河、修河,"一湖"是指鄱阳湖,"一江"是指长江。

到或优于二级标准,较 2019 年增加了 3 个设区市,由 2016 年的 0 个发展到 2020 年的 10 个设区市。2020 年江西省的环境空气质量优良天数比率达到 94.7%,同比上升 5.0 个百分点,环境空气质量优良天数比率和全省 PM2.5 平均浓度均继续名列中部省份第一(图 3-2)。

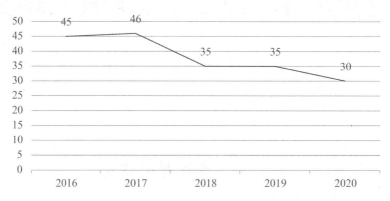

图 3-1　2016—2020 年江西省 PM2.5 浓度平均值(微克/立方米)

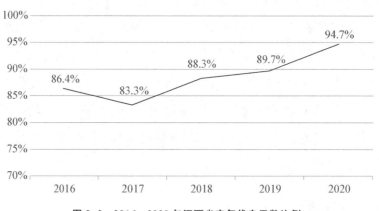

图 3-2　2016—2020 年江西省空气优良天数比例

二、水更清

"十三五"期间,江西省的地表水国家地表水考核断面水质优良比例也逐渐提升,2020 年地表水水质优良比例达到 94.7%,与 2019 年同比上升 2.3 个百分点;国考断面实现"减四保三争二",2020 年地表水国考断面水质优良比例为 96%,与 2019 年同比上升 2.7 个百分点,高于国家目标值 10.7 个百分点,无 V 类及劣 V 类水质断面(图 3-3);长江干流江西段所有水质断面全部达到 II 类标准;全省各设区城市集中式生活饮用水水源地水质达标率为 100%。

图 3-3　地表水水质优良率(国考断面)

三、地更绿

"十三五"期间,江西省森林资源和土壤得到了更好的保护和修复。"十三五"期间,全省累计完成人工造林 636.1 万亩,而且造林合格率在 95% 以上。在全国范围内,率先实现"国家森林城市"所有地市全覆盖,200 多个乡村获得"国家森林乡村"称号。2021 年 1 月 1 日,开始实施《江西省土壤污染防治条例》通过立法聚焦建设用地和农用地两个领域,加强保护未污染的土地和修复易受污染的土地。2018—2020 年,城镇生活垃圾无害化处理率均达到 100%(图 3-4),土壤的质量得到极大的改善。

图 3-4　城市生活垃圾无害化处理率

四、声更轻

江西省各地市声环境质量持续优化。2020 年各设区城市昼间区域噪声平均值为 53.6 分贝,绝大多数市区的环境质量水平评价为二级(较好);省内道路交通昼间噪声均值为 66.4 分贝,绝大多数市区的噪声强度评价为一级(好)。

第二节　生态文明制度体系逐渐完善

近年来,江西省深入践行"两山"理念,围绕"资源变资产、资产变资本、资本变资金",坚持绿色发展,"两山"双向转化通道更加顺畅,能源资源配置和利用效率优化提升,产业结构和能源结构持续优化,单位 GDP 能耗、二氧化碳排放量均降低,节能减排降碳取得明显成效,绿色发展水平走在全国前列。

一、山水林田湖草系统治理

(一)强化体制机制创新

2020 年,国家发展改革委印发的《国家生态文明试验区改革举措和经验做法推广清单》共 90 条可推广、可复制的经验,其中江西省贡献了

35条,占比达到38.9%。自2016年赣州市入选山水林田湖草生态保护修复试点地区以来,江西省注重重点地区生态环境修复,致力于构建完善的生态系统体制机制,着力启动了《江西省流域生态补偿办法》《江西省生态文明促进条例》《江西省生态环境损害赔偿实施方案》等一系列地方性立法工作。江西省在生态文明建设体制机制方面先行先试,陆续开展了自然资源资产离任审计、排污权交易、自然资源确权登记、林长制、河长制等多项试点。江西省探索建立了山地丘陵地区山水林田湖草系统保护修复模式、鄱阳湖流域全覆盖生态补偿机制、重点生态区位商品林赎买机制、海绵城市建设机制、城市生态修复修补、古村落确权抵押利用机制等模式。

通过林权流转机制改革,江西省推动了林业的可持续发展。江西省林业厅在全国首先印发了《2017年全省集体林权制度改革工作要点》,结合前期林权确权颁证的情况,提出推广林权管理的"四机制一模式",即以改革遵循引领、完善制度为核心的林权流转保障机制;统一操作流程,构建以规范管理为基础的林权流转运行机制;建设以管理服务一体、统一省市县乡村五级体系建设为关键的林权管理服务组织机制;以林权流转模式创新,探索新型林业主体的生态经营发展模式。

江西省坚持完善国土空间开发保护制度,守住生态文明建设的红线。江西省按照国家的生态文明制度要求,先行先试对国土空间进行分类,确保生态安全底线不突破。江西省把生态保护的红线按照山水林田湖草治理的要求,确定了"一湖五河三屏"①的基本格局,划分为生物多样性、水源涵养、水土保持等生态保护红线区。2018年江西省划定生态保护范围合计达到46 876平方千米,占全省面积的28.06%。同

---

① "一湖"为鄱阳湖,主要生态功能是生物多样性维护;"五河"指赣江、抚河、信江、饶河、修河源头区域及重要水域,主要生态功能是水源涵养;"三屏"指赣东—赣东北山地森林屏障(包括怀玉山、武夷山脉、雩山),赣西—赣西北山地森林生态屏障(包括罗霄山脉、九岭山),赣南山地森林生态屏障(包括南岭山地、九连山),主要生态功能是生物多样性维护和水源涵养。

时,江西省利用"三条红线"实行最严格的水资源保护制度,落实下达全省水资源管理红线控制指标;实行最严格的耕地保护制度,建立土地资源红线制度,2021年全面划定城市周边永久基本农田3 693万亩,出台开发区节约集约利用土地考核办法。通过生态空间保护红线划定及配套的生态空间保护红线责任制和问责制等管控政策的实施,江西省形成了符合本省实际,契合生态文明发展空间基本需求的分布格局,确保重要生态保护区的生态系统顺畅,为全省山水林田湖草系统治理提供重要支撑。

江西省通过探索"河长制",促进水资源治理可持续发展。"十三五"期间,江西省探索建立了省、市、县、乡、村五级的"河长制"体系。江西省构建了全省交界断面水质监测网络,启动了河湖管理地理信息系统平台,提升了"五河两岸一湖一江"综合治理水平,在河湖管控上突出"三个统一":统一涉水规划,推进山水林田湖草与河湖环境治理的"多规合一";统一河湖监管,建立统一规范的河湖监管网络和水资源控制指标体系,按统一标准开展水质水量监测评价;统一行政执法,通过全省的信息平台,实行一体化综合管理。江西省还在市县推动水环境综合执法机构改革试点,建立河湖保护管理联合执法机制和综合执法队伍。

案例 3-1

寻乌县废弃矿山治理的"三同治"模式

一、案例背景

江西省寻乌县地理位置优越,既是赣粤闽三省交界处,又是赣江、东江、韩江三江发源地。寻乌县生态资源丰富,作为南岭山地森林及生物多样性生态功能区的主要组成区域,森林覆盖率达到81.5%;现有国家一级保护动物4种,国家二级保护动物21种,省级保护动物35种;现有国家一级树种2类,其他国家级树种几十种。寻乌县矿产资源丰富,其中稀土尤为突出,被称为"稀土王国"。但正是由于对矿产资源的无序开发,寻乌县产生了大量的废弃矿山,植被、水土、耕地、水体、土壤等生态遭受破坏,昔日的绿水青山变成了后来的废弃矿山。

二、主要做法

(一) 顶层设计,系统治理

寻乌县坚持"生态立县",县委领导牵头的山水林田湖草小组,编制了矿山治理、项目修复的系列实施方案,确保系统治理"有章可循"。寻乌县从自然生态系统的内在机理出发,改变传统"头痛医头,脚痛医脚"的"碎片化"治理方式,打破水、土、林、矿等行业壁垒,按照山水林田湖草系统治理理念,统筹推进水、土、矿、植被等系统工程。

(二) 资金整合,探索"三同治"模式

寻乌县废弃综合矿山的总投资近10亿元,包含东江流域上下游横向生态补偿、废弃稀土矿山地质环境治理、低质低效林改造项目资金以及涉农资金等。寻乌县按照小流域分区综合治理的思路,以"沃土壤、增绿量、提水质"为目标,探索了"三同治"综合治理模式。一是山上山下同治。山上地形整理、边坡修整、植被种植、尘沙排水等环境治理(图3-5);山下控制水土流失、填筑沟壑等消除隐患。二是地上地下同治。地上进行生态化生产改善土壤,进行产业转型,由以前的稀土"一家独大"到现在猕猴桃、油茶、百香果、油菜花等生态农产品的"百花齐放";地下采用特殊工艺,例如截水墙、高压旋喷桩等,把污染水体引到生态水塘、人工湿地进行减污治理。三是流域上下同治。上游"源头截

图3-5 寻乌县柯树塘矿区植被重建

污",控制水土流失;下游清淤疏浚、水质终端处理保证"生态"通畅,实现上下游全流域有效治理。

(三)严格考核,健全问责机制

寻乌县把山水林田湖草系统治理的结果纳入各单位年终考核,并制定了生态环境责任追究实施办法,从水质、水土流失、植被覆盖率以及土壤修复等角度,设置了4项考核指标,不断加大生态环境考核的比重。寻乌县坚持政府对生态文明的主导地位,强化政府人员对山水林田湖草系统治理的政绩观,完善生态绩效问责机制,对生态环境的破坏"零容忍",严格追责,严肃处理。

三、成效启示

(一)生态效益显著提升

寻乌县矿区的水土流失已得到有效控制,生态环境也得到全面恢复,形成植被和果林相结合的生态功能区,植被覆盖率达到80%以上,单位面积水土流失量降低了90%;水质得到明显改善,水体氨氮含量减少了89.76%;土壤显著改良,有机含量逐渐增加,生物多样性逐渐显现。

(二)经济效益得到体现

寻乌县立足粤港澳"后花园"的区位优势,把矿山开采的土地"变废为园",大力招商引资,发展"生态+"绿色工业,综合经济效益明显提高。通过重新"披绿",寻乌县修复5 000多亩土地和建设高标准农田1 800多亩,大力种植经济作物,发展生态旅游产业,促进三产融合,推动生态产品价值实现。

(三)社会效益得到凸显

寻乌县矿产修复的经验,得到中央和地方各级权威媒体的播报,社会影响较好。寻乌县通过对矿山的全面治理,有效改善了居住环境,而且通过发展光伏电站,减少了煤炭的使用,既提供了大量的就业岗位,又改善了生态环境。

（二）生态修复系统化治理

江西省的生态修复系统化治理对象从"山江湖"到鄱阳湖生态试验区、"山水林田湖草",再到"山水林田湖草沙",展现了江西省从治山、治水到深入践行"两山"理论的转变。坚持以生态问题和生态功能为导向,改变以往单一的生态修复模式,坚定山水林田湖草生命共同体的理念。

从治理对象的角度,江西省统筹推进废弃矿山、水土流失、林业、田地土壤、草地、沙漠等各类生态修复项目系统治理,并根据修复对象的不同特点,进一步细化生态保护与修复工程内容。从治理主体来看,江西省充分发挥政府和市场的双重作用,充分调动农民的积极性。从治理方式来看,江西省不断创新治理理念和方式方法,充分发挥法律、技术、经济、网络的多重手段。江西省不断探索拓宽生态产品供给之路,着力推动生态产品的价值转换,坚持以改善生态环境质量为核心,以提升生态产品价值为目标,以探索价值实现方式为重点,努力探索具有区域特色的生态系统修复机制。

案例 3-2

城市河流水生态修复示范——凤岗河生态改造治理工程

一、案例背景

凤岗河是抚州市城区的一条内河,与抚河、临水共同构筑成"二水绕廓,一溪连湖"之境,全长约 10 千米。修复之前,凤岗河的河水面积不断减少,水环境污染日益严重,水体泛绿,透明度低,水生生物种群减少,生态系统功能下降,调蓄功能萎缩,自身净化功能无法有效发挥。

抚州市政府从 2006 年开始启动凤岗河改造治理工程。围绕水环境改善和水文化开发,通过 PPP 模式,凤岗河水生态逐步得到修复,水体透明度达到清澈见底的效果,水质达到地表水Ⅰ～Ⅱ类水平,最终成为集生态、游憩、休闲于一体的凤岗河国家湿地公园。

二、主要做法

(一)坚持生态治理手段

凤岗河生态改造治理工程引入"食藻虫引导的水下生态修复技术",以驯化后的食藻虫搭配四季常绿矮型苦草及其他沉水植物,构建"食藻虫—水下森林—水生动物—微生物群落"共生系统。通过虫控藻、鱼食虫等形成食物链,构建以沉水植物为主导的水生态修复及自净系统,实现水质整体提升及效果长效稳定(图3-6)。

图3-6 凤岗河生态改造施工前后对比效果图

(二)水生态修复与文旅休闲相结合

抚州市坚持将水生态修复与城市休闲娱乐建设结合,打造城市园林景观带。在凤岗河沿线,因地制宜打造微地形丘陵生态树下空间、活动广场、游步道、亲水平台、人文雕塑、仿古水车等园林景观,共同组成凤岗河国家湿地公园。抚州市还将水生态修复与地方文化发展结合,提升城市品质。凤岗河建成了以王安石、汤显祖、曾巩等历史人物雕像为特色,牡丹亲水、绿色长廊、水上舞台、音乐喷泉等景观相协调,集学术研究、文化传承、教育娱乐、旅游休闲于一体的国家4A级景区名人雕塑园;以汤显祖的临川四梦[1]为主题的国家4A级景区梦湖水上公园;以汤

---

[1] 临川四梦包括《牡丹亭》《紫钗记》《邯郸记》《南柯记》。

显祖、莎士比亚、塞万提斯三位戏剧巨匠为主题,凤岗河生态廊道为桥梁,分东西两岸突出欧式园林和中国古典园林风格的三翁花园。

(三) 注重社会效益与生态效益双提升

凤岗河景观的消费群体包括沿岸居民、当地市民、外地游客等。凤岗河的水生态修复注重提升消费者的享受感,满足其精神文化需求和休闲娱乐诉求,既增强了本地生态环境功能,也带动了城市生态旅游、商业地产等产业发展,使城市特色文化得到有效提升,为消费者创建了一个宜业、宜居、宜游的"三宜"环境。改造后,凤岗河的水质常年保持国家标准Ⅰ~Ⅱ类,增加了城市绿化与湿地面积,保护了生物多样性,有湿地维管束植物近300种、湿地脊椎动物100多种,提升了生态资源质量,增强了城市生态系统的承载能力。

三、成效启示

凤岗河的生态改造治理工程运用了生态与经济协调发展理论,在全面改善水生态修复及自净系统的同时,结合临川文化和抚州才子之乡的文化资源,合理打造文化生态景观,适度开发水文化项目,增加了区域生态资源和生态价值。这不仅为下一轮生态再生产提供了生态基础,还有利于生态生产效率的提高和生态环境的改善和优化,为城市品质和人民生活质量的提升创造了良好的环境条件。凤岗河的生态改造治理工程以水环境改善优化为主线,打造城市景观,提升城市品质,带动周边产业快速发展;以"清水"为主题,将城市特色文化融入城市发展,打造城市品牌;科学规划,合理布局,构建水生态修复及自净系统,为我国河湖流域生态保护及综合治理提供示范和样板。

江西省在坚持生态修复系统化治理的同时,还注重产业的调整。例如,强化农产品企业与农户的合作,引导以往依靠采矿发展的矿山"破坏者"变成如今种植多种农产品的矿山"修复者"。江西省按照"只能增绿、不能减绿"的原则,坚持生态修复,打造土地洁净、城乡秀美的"江西样板"。例如,赣州市的"山水林田湖草生命共同体"项目被纳入"2019年中国改革年度案例"。江西省探索海绵城市建设的机制,修复城市扩张过程中产生的生态环境问题。"绿色"设施的建设,不但可以有效地提升城市的水质环境,还可以影响气候变化,带来经济和社会效益。

案例 3-3

立体海绵城市建设机制的典型案例——萍乡市"海绵体"

一、案例背景

萍乡市位于江南丘陵地区,是中国早期的传统工业城市,曾经被称为"江南煤都",也诞生了中国工人的第一个党支部"中共安源支部",因此也被称为"工运摇篮"。由于矿产资源的过度开发和城镇化的盲目布局,萍乡市出现了老城区比较密集、资源枯竭、水环境污染严重等问题。再加上地势的原因,萍乡市还有洪涝灾害和水资源短缺的问题。这些问题逐渐影响到城市的可持续发展,为了解决"人水矛盾"和资源困境,萍乡市坚持生态发展理念,推动海绵城市建设,改变传统的矿产资源依赖的发展模式,构建人与自然和谐共生的城市化建设之路,建立"上截、中蓄、下排"的全域管控建设机制。

二、主要做法

（一）先行先试、坚持生态理念

萍乡市抓住国家开展海绵城市试点的机遇,高度重视、积极争取,2015年成为全国第一批试点城市。萍乡市从技术、体制机制、投融资等角度不断创新,坚持绿色发展理念,坚持系统治理。萍乡市坚持治水又不局限于治水。一是注重生态的系统治理和修复。从矿山的修复、土地的改造到湿地的修复和水流域的综合治理,全面管控好"山水林田湖草"自然生态空间,把废弃矿区改造成地质公园、工业园区,把废弃的林地改造成森林公园、湿地公园等,极大地改善生态环境。二是从水的生态、安全、环境、文化等角度进行治理。坚持"海绵＋"的理念,把海绵城市的建设与城市改造、人居环境、服务体系等融合起来,打造了一系列的海绵小区和生态公园,尽可能实现效益最大化。

(二) 坚持"上截、中蓄、下排"一条主线

萍乡市创新了"上截—中蓄—下排"的城市蓄排综合治理系统。"上截",即从上游开始就做好雨水的调配,主要结合隧洞和河道的行洪能力;"中蓄",即从中游保护好萍水湖、玉湖、滩涂等大型的调节蓄水区域,减少洪水下泄的流量;"下排",即在下游易涝区新建雨水箱涵和排涝泵站,确保暴雨径流快速行泄,解决排水系统自身原因导致的局部内涝问题。另外,根据地形和区域径流的不同特点,萍乡市因地制宜地将试点区域划分为 6 个项目区,并采用分区而治的策略。实践证明,海绵城市试点建设以来,萍乡市未发生过一次内涝事件(图 3-7),水质也持续好转。

图 3-7　海绵城市建设前后万龙湾历史内涝点雨后积水比对情况

(三) 制度保障,推动建设可持续发展

萍乡市成立各地区"一把手"负责制的海绵城市试点建设工作综合领导小组,制定了海绵城市建设的相关制度体系,覆盖了从顶层设计、项目落实到资金管理等方面,组织编制了相关规划方案和标准规范,要求所有新建、扩建及改建的项目必须植入海绵城市建设理念,并将其作为年终绩效考核的主要组成部分。

(四) 创新建设模式,推动城市转型

萍乡市为了解决资金和技术困难,对上争取中央、省级专项资金;对

内争取银行贷款,统筹各项财政资金;对外积极探索政府与社会合作权责明确的 PPP 模式,积极引导社会企业资金参与进来。萍乡市成立海绵产业企业,推动城市产业转型,从湖泊、湿地、绿地、空间规划等角度实现创新发展,建设宜居的生态环境。

三、成效启示

（一）海绵城市是生态文明视角下的城市建设新范式

萍乡市的试点成功,意味着融入人与自然和谐发展观和哲学观的海绵城市,作为解决水安全、生态问题的城市新形态是可行的。萍乡市海绵城市的建设经验为有效解决洪涝问题提供了系统性的解决方案,也为其他城市的转型、构建美丽中国提供了有效途径。海绵城市改变了传统城市建设中存在的碎片化、项目化等"城市病",搭建了人工技术与自然环境之间的"桥梁",既解决了地下的"里子",又呈现了地上的"面子"。

（二）海绵城市是新型生产关系视角下的城市建设新格局

萍乡市海绵城市建设的成功,标志着城市建设方式从部门化、条块化转变为整体化、集成化,从政府"大管家"转变为政府与企业"合作共赢"。海绵城市采用 PPP 模式,能有效解决传统城市建设中的资金、技术、运营等难题,激活城市经济的新动能。海绵城市将成为以后城市建设的新方向。

（三）产权确认和抵押模式探索

对自然资源统一确权登记的改革,可以为生态文明建设扫清障碍。江西省通过自然资源确权登记,摸清了省内各类自然资源的质量、数量以及产权归属等情况,全面落实并明确了不同类型自然资源的权利和保护范围;有效解决了自然资源资产权属争议纠纷;激励产权主体高效利用和有效保护资源,避免因权属不清、界线不明而过度开发和破坏导致的"公地悲剧"。江西省通过掌握省内自然资源的具体情况,为生态资源的有序开发奠定了基础,促进了自然资源的可持续开发和绿色发展。在土地、古村古建、森林、水源等自然资源产权确认的基础上,江西省还探索了产权抵押模式,引入金融"活水"来盘活各类自然资源,促进"两山"转换。

案例 3-4

古村落确权抵押——金溪县创新生态融资

一、案例背景

古镇古村拥有深厚的历史文化底蕴和丰富的旅游资源,古村古建是带有美学价值、欣赏价值的生态产品。实现古村落的价值转化关乎当地旅游产业发展,有利于传承历史文化、留住乡愁记忆。金溪县被誉为"一座没有围墙的古村落博物馆",其古村落数量位列全省第一,共有格局完整的古村落 128 个,这在全国也排在前列。金溪县在文化、园林、森林、生态文明等方面都获得了众多称号。虽然金溪县有着如此丰富的古村落资源,但因古村落已存续 300～600 年,面临着不少问题。一是自然损毁严重。传统古建筑结构紧密,大多以砖木结构为主,其通风、采光效果差,容易损毁。二是空心化现象日趋严峻。随着群众生活水平的提高,居住条件的改善,一栋栋新房拔地而起,老屋常常被看成"食之无味,弃之可惜"的"鸡肋"。三是维修保护资金严重不足。财政和村民投入的古村落保护资金,在全县庞大的古村古建数量面前,无疑是杯水车薪。

二、主要做法

（一）注重政策引领和机制创新

金溪县委、县政府践行"两山"理念,解放思想、大胆创新,抓住抚州市列入全国生态产品价值实现机制试点的契机,在全县率先出台了系列方案,积极探索古村古建的托管和经营方式,以实现古村古建的活化利用。通过政策引领和机制创新,金溪县成功开辟了"资源—资产—资本—资金"的古村古建生态产品转换通道,努力实现古村古建的生态产品价值,促进乡村振兴。

（二）创新经营权托管模式

古村古建的活化利用需较长的年限才能产生效益,而根据现行法律法规,房屋使用权租赁的最长期限只有20年。为破解这一难题,金溪县创新经营权托管模式,成立乡、村两级公司,由古建房屋产权人将经营权托管给村委会,托管期限70年,再由公司向村委会进行经营权流转,为金溪县的古村古建活化利用奠定了扎实的基础。金溪县专门组建了生态产品综合交易中心,在交易大厅设立了古建办证窗口,通过颁发古村古建经营权证书和开展古村村建修复工作(图3-8),明晰农村古村古建权益,保障各方权益。

图3-8　古村古建经营权证书及修复工作

（三）创新生态金融产品

围绕古村古建生态产品价值实现,2020年金溪县创新推出了"古村落金融贷"(下称"古村贷")生态金融产品,解决了古村落保护的资金问题,并且重点探索建立古村古建经营权托管—确权颁证—价值评估核算—线上线下交易—保护修缮—开发利用等工作机制。通过各种措施的不断探索,金溪县筹措到较多的资金用于古村古建的保护,实现了古村古建的价值转化。

"古村贷"在产品的设计上推出"古建筑生态产品价值抵押＋"信用、保证或其他抵押等不同模式。例如,上饶银行给金溪县腾飞旅游建设有限公司发放了 3 亿元"古村贷",农商银行授信企业和个体古村落维护、旅游开发抵押贷款 650 万元。不同的产品设计和模式满足了不同客户群体的需求,丰富了产品内涵,增加了实际可操作性。截至 2020 年 12 月底,全县"古村贷"余额达 5.29 亿元,为古村古建生态产品循环开发利用提供了充分的资金保障。

(四)因地制宜,彰显文化特色

金溪县依据地理环境、人文特色、产业集聚的优势,主要打造"古色 + 红色"的生态资源,通过对历史文化、红色文化遗址的修复和保护来开发生态旅游,实现乡村振兴。金溪县坚持"修旧如旧"的原则对古村古建进行修复,在空间格局、生活情景、人文古迹、古风古俗等方面做文章,让传统村落及其宝贵资源"活"起来,真正释放光彩。而且针对不同的古村落,金溪县因地制宜采取了不同的措施,形成不同的"版本"。金溪县建设了后龚、竹桥(图 3-9)、陆坊、东源、蒲塘、大坊、游垫等特色古村,探索出了一种传统村落保护的古色、红色、中西结合、数字化的金溪模式。

图 3-9　金溪县竹桥古村

(五)尊重农民意愿、利益共享

金溪县在实施乡村振兴战略的过程中,充分发挥村民的主体作用。每座传统村落都是活着的文化遗产,古村古建的传承与发展离不开村民的努力。金溪县坚持以村民的意愿为基础,不断发挥村民的积极性和主动性,既可以通过确权登记、评估量化,让当地村民拥有股份、参与分红,收获经济效益;又可以使村民增强生态意识,从内心践行"两山"理论,享受传统文化带来的熏陶,收获生态福利。通过文化旅游产业的逐渐发展,金溪县进一步延伸旅游产业链条,打造了白莲、黄栀子等绿色产业。其中,香料作为首要产业,知名度越来越大,收入已突破百亿元大关。金溪县不断融合一二三产业,进一步盘活古村落资源,最终形成宜游、宜娱、宜居、宜购的旅游发展模式。

三、成效启示

(一)政府主导,社会力量参与

金溪县坚持"政府主导、社会力量参与"的思路,积极探索多元生态产品价值实现的有效路径,创新实践出"古村＋休闲""古村＋旅游""古村＋研学"等模式,通过整村托管、古建维修、市场运作、商业运营等方式,打造出了以红色文化、农耕文化、名人文化、中西文化融合为样板的优质生态产品,摸索总结了一套可复制、操作性强、行之有效的可持续发展的古村落保护与开发的金溪模式。

(二)创新体制机制,先行先试

乡村振兴的关键在于人们的精神和物质财富都有较大的提升,其进一步要求乡村要留得住人。金溪古村古建的创新模式为乡村振兴提供了重要的思路,即通过对古村落的修复和发展,促进文旅产业的发展。金溪县对古村古建产权的确权、交易、评估等进行不断的创新,实现了对古村落的二次保护和发展,并创新使用"古村贷",解决了资金问题,实现了对荒废资产的"活化"利用,值得其他地区借鉴和推广。

二、严格的环境保护与监管体系

(一)强化生态环境考核评价与监督

在现有国家相关法律的基础上,江西省根据自身的情况对有关规定进行补充和细化,切实增强法律制度的权威性和可执行性。江西省通过建立统分结合、齐抓共管的"1＋1＋N"①模式,规范生态环境保护工作,各级人大常委强化对本级政府生态文明环境实施情况的监督;借助公众和舆论力量,通过生态环境信息平台,对生态环境违法事件进行监督。2020年,江西省国土空间规划"一张图"实施监督信息系统通过初步验收,并对全省的国土面积情况进行检测。江西省还通过大气、水质环境质量检测预警系统,准确掌握生态环境的变动情况;通过差异化绩效评价考核体系,建立生态环境保护"一票否决制",实施生态责任终生追究制度。

（二）"生态法庭"呵护绿水青山

法治建设是生态文明发展的主要保障。"十三五"期间,江西省对近3万家排污单位按照污染程度、行业类别等因素分为A、B、C三类进行差异化管理,2 900多家企业纳入监督执法"正面清单"。2021年江西省生态环境厅出台了《江西省跨区域生态环境保护联合执法办法》,明确了联席会议、联合查处以及督查督办三项机制,推动江西省环保信息共享、跨区域合作,重点解决环境重点、难点及热点等问题,并构建综合执法体系、生态环境监察专员制度等。

（三）农村环境治理有序推进

江西省探索了"五定包干"②村庄环境长效管护机制、跨部门生态环境综合执法协调机制、城乡生活垃圾第三方治理模式、河湖长制责任落实机制、生态环境监测监察执法垂直管理、农村生活垃圾积分兑换机制。江西省以新农村建设为抓手,以完善"七改三网"③公共基础设施为重点,实行"五级书记"④抓环境,持续推进乡村居住环境的改善,推动城乡要素互相流动,"新农民"带来农村发展"新模式",使村民的幸福感和

---

① "1＋1＋N"即围绕1个分工方案,全面统筹部署,制定1个整改方案,加强具体指导,形成N个具体方案,确保工作实效。

② 详细内容见江西省发布的《关于建立"五定包干"村庄环境常态化长效管护机制的工作意见》。

③ 七改即改水、改厕、改路、改房、改沟、改塘、改环境;三网即电网、广电网、电信网建设。

④ "五级书记"是指省、市、县、乡四级党委书记和村党支部书记。

获得感得到极大的提升。

案例 3-5

"垃圾兑换银行"——德兴市乡村环境治理之路

一、案例背景

2016 年以来,江西省德兴市通过构建"人人参与、个个践行、大家动手、保护家园、绿色共享"的生态文明创建格局,紧紧围绕环境治理这个核心,在全省率先推行城乡一体化生活垃圾治理运营模式,积极探索推进垃圾分类处理模式,变政府、第三方包揽为全民参与,通过"市场化运作模式+金融"理念,设立乡村"垃圾兑换银行",有效破解生活垃圾分类收集、减量等"痛点"。此举不但受到当地老百姓的欢迎,而且在社会上引起强烈反响,得到省内外新闻媒体的广泛宣传报道。

二、主要做法

（一）源头治理"变废为宝"

德兴市通过创新"垃圾兑换银行"的方式,从源头上防止农村垃圾对环境的污染和破坏。德兴市在全市范围内设置了百余个"垃圾兑换银行"兑换点（图 3-10）,做到乡村全覆盖,依托经济环保的积分奖励机制,调动村民,尤其是中小学生、妇女和老人爱护环境卫生的积极性,推动垃圾分类效率化、便捷化,变末端清扫为源头减量。

图 3-10 德兴市"垃圾兑换银行"

（二）不断创新引导全民参与

随着"垃圾兑换银行"兑换点的全面覆盖，德兴市基本实现村民在"门口"就可以使用积分兑换纸巾、肥皂、笔记本等生活或学习用品，结合"门前卫生三包奖励"等活动，极大地提高了村民参与环境治理的积极性。德兴市在中小学设立了"环保小站"，开展环保教育，培养中小学生的生态环保意识，通过学生的"小手"拉动家长的"大手"，逐步实现全社会共同参与垃圾分类投放。

（三）减少无效资金投入

以前，德兴市每年在整治农村环境上都要花费大量资金，仅一个村的年投入就超过 10 万元，但仍无法从根本上改变农村"脏乱差"的现象。其主要原因是没有从根本上扭转村民的意识。而采用"垃圾兑换银行"的方式，一个村庄每月兑换的奖品总价值一般在 1 000 元左右，个别村庄到达 2 000～3 000 元，大大降低了财政资金的压力，达到"四两拨千斤"的效果。

三、成效启示

德兴市通过补贴和奖励措施保障"垃圾兑换银行"的长效运转。"垃圾兑换银行"的做法，让村民处理垃圾能得到直接实惠，从而主动分类投放生活垃圾，使环境保护从"末端清扫"转变为"源头减量"，使环保工作从"政府包揽"转变为"人人参与"，有效地解决了乡村卫生点多面广、应接不暇的问题，为其他地市提供了可借鉴、可复制的"德兴"经验。

三、绿色产业发展

（一）三产比例逐渐优化

产业是经济发展的载体，制度是产业发展的保障。现阶段江西省要加快构建绿色产业发展的体制机制，在用新发展理念引领发展行动上奋勇争先;加快构建实现乡村"五个振兴"①的体制机制,争取成为全国乡村振兴发展的先行区、示范区。"十三五"期间,江西省第三产业比重明显提升,产业结构不断优化,由 2015 年的 10.2∶49.9∶39.9 调整为 2020 年的 8.7∶43.2∶48.1,第三产业中新兴产业和高新技术产业的增加值占比分别达到 22.1%、38.2%(图 3-11)。

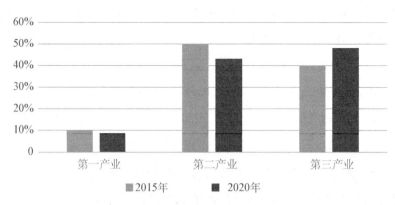

图 3-11 "十三五"期间江西省产业结构比例变动情况

(二)绿色农业持续发展

江西省持续推动生态产业化、产业生态化。"十三五"期间,江西省深入推进绿色有机农产品示范省建设,2016 年获批全国首个"全国绿色有机农产品示范基地试点省",持续实施绿色农业"九大工程""十大行动"等,加快"生态＋"理念融入农业生产全过程,发展绿色种植、绿色加工、绿色品牌,培育"二品一标"②农产品(图 3-12)。

"十三五"期间,江西省发布实施了 300 余项地方绿色标准,制定了 13 项"江西绿色生态"品牌团体标准,并在 17 个县区市开展试点。

---

① "五个振兴"即推动乡村产业振兴、乡村人才振兴、乡村文化振兴、乡村生态振兴和乡村组织振兴。
② "二品一标"是指绿色食品、有机食品、农产品地理标志。

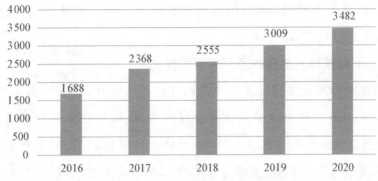

图 3-12 "二品一标"农产品数量(个)

案例 3-6

生态循环农业三大模式——新余市生态农业发展之路

一、案例背景

新余市工业化率位居全省前列,人均 GDP 超过 10 万元,在工业发展的同时,其农业的基础地位仍然稳固。新余市坚持大力发展现代农业,把"资源节约化、生产清洁化、废物资源化"贯穿产业发展的全过程,通过"变废为宝"促进农业循环发展模式,积极探索了三大生态循环农业模式。2019 年新余市举办了全国生态循环农业经验推介会,并获得广泛认同。

二、主要做法

(一) 以沼气为纽带的生态循环农业"N2N"模式

新余市生态循环农业早在 2013 年就开始探索,通过引进正和集团,建立了罗坊沼气站、南英沼气发电项目,对农村畜禽粪便、生活污水进行无害化处理,既可产出有机肥回田,又可利用沼气做饭照明,形成了以沼气为纽带的"N2N"[①]生态循环农业模式。目前新余市已产出有机肥 40 万吨以上,可用于 10 万亩以上田地施肥,并在此基础上建立了水

---

① "N2N 模式"闭链循环系统。第 1 个"N"指 N 家养殖企业(养殖业子系统),"2"是指农业废弃物资源化利用中心和有机肥处理中心;第 2 个"N"是指 N 家农业企业、种植大户和合作社(种植业子系统)。

稻、蜜桔、蔬菜等示范基地；利用沼气发电 2 000 万度以上，满足当地 6 000 多户用电需求。

（二）以秸秆为基质的资源化利用模式

传统的秸秆主要通过露天焚烧的方式进行处理，容易产生火灾、污染环境等问题。新余市针对秸秆处理的问题，探索了资源化的利用模式，即企业和农户联系落实稻草、秸秆的收购事宜，回收的秸秆生产食用菌或者制造纤维制品，再用于生产有机肥料或者替代纸浆，进而实现循环生产、降低企业成本等（图 3-13）。以秸秆为基质的资源化利用模式，不但可以杜绝露天焚烧秸秆带来的污染环境隐患，还可创造可观的收益。2019 年以来，秸秆可收集资源量为 27.88 万吨，秸秆综合利用量为 30.18 万吨，秸秆综合利用率达到 91% 以上。2019 年、2020 年连续两年，新余市渝水区被选为江西省秸秆综合利用项目试点区，争取到试点资金 1 120 万元。

图 3-13　渝水区沼气发电工程及秸秆循环利用

（三）以农业园区为核心的循环经济模式

新余市出台现代农业示范园区系列管理办法，引进正合生态农业、瑞旺果业、江中制药、新余龙晟科技等龙头企业，构建了以农业园区为核心的智慧农业经济体系。新余市还创新了"一亩蜜桔一亩参，一亩土地一万元"的种植模式和以蚯蚓养殖为纽带的"农业废弃物—蚯蚓粪肥—农业种植"循环生产模式,建成了 2 万平方米的蚯蚓养殖基地,年生产蚯蚓百万余吨,消纳畜禽粪污 3 万余吨,生产有机肥料近万吨。

三、成效启示

一是重视农业规划设计。新余市从规划设计到模式创新全面加强与中国农业大学、中国工程院、中科院亚热带农业生态研究所、加州公司院士工作站团队等机构的合作,出台了农业产业、园区、休闲旅游等相关规划。

二是充分发挥企业的能动性和积极性。新余市始终把企业参与作为农业科技发展的关键。新余市政府通过做好资金的引导和平台搭建工作,加强对龙头企业的引入和支持力度,让企业成为农业生产模式创新的主体,让企业实现从"要我做"到"我要做"的转变。

三是生态保护与经济发展相互融合。新余市积极推动葡萄酒、花卉、蔬菜、蜜桔、油茶等绿色产业的发展,把习近平生态文明建设理念贯穿产业发展的全过程,培育"二品一标"产品实现标准生产和品牌建设。

(三)低碳绿色产业逐渐发展

2019 年,江西省实施"2 + 6 + N"①计划,着力于产业高质量跨越式发展,出台实施数字、5G 商用、03 专项、物联网等产业相关行动方案和计划。截至 2020 年年底,江西省部署 NB-IoT 基站 7 万余个,开通 5G 基站数量达 3 万余个,实现省内网络全覆盖。

1. 大力发展新兴产业

"十三五"期间,江西省积极推动大数据、5G、VR 等产业与三产应用融合,鹰潭物联网、南昌手机智能、上饶大数据、赣州软件产业等发展良好,省部级大院大所纷纷落地江西省;积极制定政策总体设计,研究出

---

① "2 + 6 + N"计划是指江西省要通过五年左右的努力,推动有色、电子两个产业主营业务收入过万亿元,装备制造、石化、建材、纺织、食品、汽车六个产业过五千亿元,航空、中医药、移动物联网、半导体照明、虚拟现实、节能环保等 N 个产业突破千亿元。

台新兴产业实施意见,围绕六大优势产业[①]技术布局产业链,围绕产业链部署创新链、生态链,科学谋划新兴产业发展思路布局。VR产业是数字产业的"未来之星",2021年底,江西省VR产业规模达到604亿元,相对2018年增加了14倍。

案例 3-7

产业集聚打造南昌数字经济"新蓝海"

一、案例背景

2019年,国务院批准南昌市设立红谷滩区。近年来,红谷滩区瞄准新一轮科技革命"爆发点"和虚拟现实(VR)产业发展"窗口期",聚焦打造全省"五个中心"[②],搭建平台、优化服务,大力发展VR相关产业,推动数字经济发展呈现"同频共振"的硬核态势。2021年,红谷滩区已落户168家VR相关企业,打造17个VR产业技术创新平台,拥有14个省级VR技术应用"揭榜"项目,VR产业实现从无到有、从有到优、从优到新精彩的"蝶变"。2020年,红谷滩区数字经济产业全口径营收突破100亿元,全区11家数字经济规模以上企业营收42.39亿元,同比增速12.76%。

二、主要做法

(一)高位推动抢抓发展机遇

红谷滩区成立数字经济领导机构,统筹全区数字经济推进工作,建立各部门协作协调机制,指导全区开展好数字经济工作,形成全区上下"一盘棋"的工作格局。红谷滩区编制数字经济发展规划、VR科创产业规划等,优化产业布局,构建"1+1+1+N"[③]虚拟现实产业发展战略新格局,打造"一核、两翼、四足"[④]的产业园区体系。

---

① 六大优势产业是指航空产业、电子信息产业、中医药产业、装备制造产业、新能源产业、新材料产业。
② "五个中心"是指行政中心、商务中心、金融中心、文旅中心、创新中心。
③ "1+1+1+N"是指1个VR科创城、1个VR产业基地、1个孵化中心和若干个创新创业空间。
④ "一核"是指,虚拟现实核心。"两翼"是指,虚拟现实教育培训和虚拟现实应用相关产业。"四足"是指,人工智能、5G、云计算和大数据、数字创意等。

（二）企业聚集推动技术融合

红谷滩区注重企业培育和业务培训，实行"一产一策一专班、一规划一计划一方案"模式，瞄准国内外 VR 重点强企业，通过优惠的财税、金融、人才等资源推动企业引进"速度引擎"。2021 年红谷滩区以 VR 为核心的数字经济相关产业营业收入已突破 100 亿元；落户 6 家世界 500 强企业、2 家国内 500 强企业以及 14 家 VR50 强企业。截至 2020 年 3 月，全区注册数字经济企业 3 872 家。同时，红谷滩区深化与国内外相关大院大所、名企名校加大数字经济产学研合作。高通、华为、紫光智慧、浙江大学、南京理工大学等单位纷纷在红谷滩区设立创新中心，促进了新一代信息技术与 VR 产业园区的深度融合。

（三）数字赋能经济建设

在城市建设方面，红谷滩区推动信息技术与城市规划、建设、管理、服务、产业发展和民生服务的全面深度融合；以"最多跑一次"为改革目标，推进"赣服通"系统建设，建设"城市大脑"应用场景。2020 年红谷滩区成为全省首批"先看病后付费"场景基层医疗机构试点县区。在金融和公共服务业方面，红谷滩区设立红谷滩航誉创新产业发展基金，搭建"智慧＋"文旅、医养及教育等数字化平台，不断提升公共服务效率，打通惠民服务"最后一公里"。

（四）平台引领产业发展

红谷滩区建设国家级创新中心、职业教育、VR 产业技术、VR 信息化等服务平台，打好 VR 产业、MR 及 AR 眼镜三大领域产业市场发展基础。红谷滩区重点围绕"优环境""搭平台""育企业"，对全区数字经济企业"摸家底"，支持华为、科大讯飞、阿里巴巴等大数据企业发挥示范作用，重点发展以大数据、云计算为先导的软件和信息服务业，引进腾讯、阿里云、数字江西等创新中心项目。红谷滩区建设的南昌 VR 主题乐园（图 3-14），被评为"全国科普教育基地"，搭建美翻跨境电商、仟得流量等长产业园，形成一批有竞争力的大数据产品和服务应用。

图 3-14　红谷滩 VR 主题乐园

（五）大会激发 VR 产业活力

南昌市坚持打好世界 VR 产业大会这张"王牌"。2019 年以来，南昌市连续三年举办了世界 VR 产业大会。2021 年世界 VR 产业大会（图 3-15）的展会面积已达 3 万平方米，吸引了华为、微软、中国移动、HTC 等众多知名企业，打造了 9 大创新场景，签约项目 114 项，签约合同金额突破 700 亿元。其中，华为与江西省人民政府签订了深化数字经济领域合作协议，形成 VR 产业发展新动能、新态势。

图 3-15　2021 年南昌世界 VR 产业大会

三、经验启示

一是搭建政府引领、企业参与的高效运行机制。政府应着重于数字产业的规划、引导、服务和监督,通过数字基础设施建设和公共服务优化发挥供给和保障作用;企业既是产业政策的执行者,又是数字技术发展的推动者,应发挥产业主体作用,不断激发更多产业的潜能。

二是构建安全高效的数字生态系统。政府应促进数字经济的产业、市场和部门同时发展,一方面要注重数字经济各个子系统间的"桥梁"建设,推动企业内部、政府内部以及政企之间的信息沟通,提高系统效率;另一方面重视网络与数据安全,强化信息保护技术的研发和应用,确保数字生态系统的安全运行。

三是创建信息共享的跨区合作平台。江西省要基于数字赋能网络信息平台,发挥省会城市科技创新、人才聚集优势,推动区域间的协同合作和协调发展。红谷滩区作为 VR 产业发展试验区,重点发展数字经济,持续强化核心引擎功能,整合跨区域资源,深入推进江西省数字经济,做优做强"一号发展工程"。

2. 坚持绿色发展

江西省按照"低碳产业支柱化、传统产业绿色化"的理念,对传统产业进行转型升级,促进信息技术向制造业各领域全面渗透,加快传统制造业升级改造,拓展新兴制造业发展空间,培育壮大新一代信息产业,提高信息产业支撑服务能力。"十三五"期间,江西省每万元生产总值能耗逐年降低(图 3-16),能耗强度累计下降 19.4%,能耗增量为 1 385 万吨标准煤,超额完成任务,其他水量、二氧化碳排放量"十三五"期间分别下降了 33.54%、22.25%。江西省突出"创新""绿色"双轮驱动工业高质量发展,国家稀土功能材料创新中心、中科院赣江创新研究院、中国信通院江西研究院、中国工业互联网研究院江西分院纷纷落地。

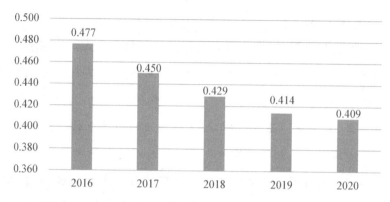

图 3-16　2016—2020 年江西省每万元生产总值能耗(吨标准煤)

3. 突出优势产业

江西省通过创新引领、集中力量促进航空、装备制造、中医药、电子信息等优势产业不断发展。"十三五"期间,江西省规模工业增加值、营业收入、利润总额等有了明显的提升,处于全国中上水平。战略性新兴产业、高新技术产业、装备制造业增加值占规模以上工业比重平均增加了 10 个百分点左右。认定绿色工厂 104 家,其中国家级 58 家;绿色园区 23 家,其中国家级 10 家。

案例 3-8

江西"飞"起来——航空产业将成江西经济强劲引擎

一、案例背景

江西省诞生了我国第一架自制飞机,颁发了我国第一张无人机航空运营(试点)许可证,建设了我国第一个省局共建的民航适航审定中心。江西省也是目前我国唯一同时拥有旋翼机和固定翼机研发生产能力的省份。"十三五"期间,江西省持续"磨尖"航空产业,推动航空产业快速"起飞",全省航空产业连续保持 20% 左右增长,2019 年成功突破千亿大关实现营业收入 1 020 亿元。2020 年江西航空产业实现营业收入 1 200 亿元,较 2015 年增加近 3 倍,规模居全国前三。航空产业已经成为江西省经济绿色发展的强劲引擎之一。

二、主要做法

（一）搭建创新平台、加快产业体系升级

江西省"飞速"抢抓机遇，推动以制造为主的航空产业格局，向以航空产业制造为核心，以运营、服务为支撑的产业体系升级。江西省围绕国家首批通航产业综合示范区，即南昌航空城和景德镇直升机研发生产基地为中心，2018 年 5 月，中国首个省局共建民用航空适航审定中心落户南昌市，既推动了江西省航空制造产业链条的协同合作、提高了整体运营的效率，又促使江西省研发新产品，吸引国内外资本的集聚，有利于产业集群式发展。2018 年 6 月，全国首个低空空域管理及航空服务院士工作站落户景德镇市，这是对江西省在低空空域取得的成就的肯定，推动了"航空强省"的建设。

（二）注重项目建设，发挥资源优势

2018 年 10 月 27 日，国产大飞机在南昌瑶湖机场成功降落（图 3-17）。2019 年，中国商飞生产试飞中心落户南昌市，多个整机制造项目在江西省建设，并逐步开展航空产业与高校人才培养、文化交流等合作，形成独具特色的航空城和航空小镇。江西省以运营为切入点，集

图 3-17　瑶湖机场

聚制造优势,拓宽运营途径,实现航空产业上下游联动发展的"通勤航空生态产业链"逐步形成。

(三) 深化开放合作,优化发展环境

江西省坚持高位推动,出台航空产业相关制度,举办航空产业大会(图 3-18)、发展论坛等系列活动,组建华赣航空产业投融资平台并全面运营,为航空产业发展打下了良好基础。深化省企合作,江西省联合中国航空工业集团、北京航空航天大学等单位,建设国家应急救援示范省、航空应急救援重点实验室和救援装备生产基地等。

图 3-18　南昌飞行大会 C919

三、成效启示

一是提升航空规划"高度"。江西省各级政府高度重视,从规划的设计到建设的落地,按照"一中心、五基地"①目标,高规格建设航空城。被誉为"中国直升机的摇篮"的景德镇市,由市领导牵头成立领导小组,制

---

① "一中心"是指国内重要的航空研发制造中心。"五基地"是指国产民机创新示范基地、航空产业军民融合示范基地、飞行器维修交易基地、通航运营管理服务基地、航空人才综合培训基地。

定规划"蓝图",累计投入超 30 亿元。

二是彰显航空发展"热度"。通过举办飞行大会,加强航空产业宣传,提高民众参与积极性,江西省积累了"人气"带来了产业热度,而且在医疗、教育、住房、税收、子女入学等方面制定了人才引进政策。

三是强化产业项目"集聚度"。江西省在进行航空产业、人才、政策、资金、创新的"五链融合"的同时,也在探索航空产业与其他产业的融合之路。例如,航空工业江西洪都航空工业集团有限责任公司是 C919 大飞机研制过程中前机身、中后机身的唯一供应商,约占机体份额的 1/4。

(四) 打造绿色发展示范

"十三五"期间,江西省坚持绿色发展,构建生态产业优势示范区。

1. 制度创新推动示范园区建设

江西省探索"生态 + 大健康""碳普惠"制度、利用废弃矿山发展生态循环农业或建设绿色工业园区、完善绿色生态技术标准创新机制、创新区域沼气生态循环农业发展模式等。江西省通过农业示范园区建设,推动农产品种植、加工、检测、物流及销售等产业链不断融合,如乐平市蔬菜示范园、吉安市井冈蜜柚示范园等。在三产融合发展的基础上,江西省探索数字农业,把数字技术融入农业生产的全过程。江西省通过 PPP 等模式整合社会资本,创新农业信贷产品,支持农业示范园区建设,完善生态农业融合发展机制。

案例 3-9

"生态十三大产业"提质增效——靖安县"两山"转化绿色发展之路

一、案例背景

靖安县于南唐升元元年建县,距今已有 1 000 多年,生态资源丰富,森林覆盖率超过 84%,野生动植物高达 2 500 多种。靖安县坚持"生态

+"绿色发展,探索了"一产利用生态、二产服从生态、三产保护生态"的"两山"转化之路,确立了"水木清华、禅韵靖安"的形象定位,提出了"呵护绿心、领跑昌铜、融入省会、和美靖安"的十六字发展方针,践行了以"河"为贵、以"树"为荣、以"旅"为先、以"得"为本、以"城"为美、以"俭"为宝的理念,打造了新时代"两山理论"实践典范。

二、主要做法

(一)注重生态发展规划,制定严格制度体系

1. 生态规划系统化

靖安县先后出台了森林、水土、农业等系列专项方案,又制定了县级"两山"实践创新基地工作方案、示范县建设规划(2016—2020)等,基本形成系统的规划体系。

2. 制定最严格的制度体系

一是实行最严格的源头保护制度。早在 2015 年,靖安县就编制了《靖安县建设项目环境保护负面清单》,共涉及 11 个行业、97 类项目。"十三五"期间,靖安县否决了印染、铅蓄电池等 100 多家高污染、高耗能及不符合国家产业政策、对生态破坏严重的项目落户申请,拒绝了不利于环境发展的投资 200 多亿元。二是实行最严格的监管制度。靖安县构建了多方参与的环境治理体系。靖安县先后开展了环保"零点行动"、生态检察等专项行动,大力推广"互联网 + 森林公安"新模式,被评为中国智慧林业最佳实践 50 强。三是实行最严格的追责制度。靖安县对地方干部的考核中生态文明绩效考核占比 20% 以上,并通过自然资源负债表的编制对干部实施离任审计,建立生态环境损害责任追究终身制。

(二)发挥"生态+"优势

1. 瞄准"生态+"大健康产业

靖安县引进康疗养生、特色小镇、文创基地三类项目,着力构建"游、食、药、医、养、管"六位一体大健康产业体系。目前靖安县引进了南大一附医院、金鸡山养生养老基地、禅茶溪谷健康管理中心等重大项

目。利用生态发展大健康产业是靖安县推动"两山"转化的重要举措，对壮大该县高端康养产业，提升"有一种生活叫靖安"在全省的影响力具有非常重要的促进作用。

2. 发展"生态＋"绿色低碳工业

靖安县将工业主攻方向锁定在绿色低碳行业，不断做大做强硬质合金工具、绿色照明产业基地。江钨合金获省级"优强企业"专项奖，超维新能源成为全县第一家在"新三板"成功上市的企业。靖安县还成功引进了缘生生物、瀚良生物等一批低碳、绿色、环保企业。缘生生物的科技成果获得了国家科技进步二等奖，生产的"重组溶葡萄球菌酶涂剂"是世界上第一个抗菌蛋白领域的 1.1 类新药。靖安县依托"生态＋"优势，推动产业集群发展，促进低碳工业提速增效。

3. 壮大"生态＋"农旅结合

靖安县 78 个农产品获得"三品"认证，其中"靖安白茶"品牌（图 3-19）估值超过 14 亿元，还建成了百香谷、象湖湾等一批现代农业产业园，获评国家有机产品认证示范创建区、全省绿色有机农产品示范县等称号。同时，靖安县坚持以旅游的理念经营农业，加速促进农旅深度融合，致力把空心村变为文化创意村，把茶园、果园变为采摘园、观光园，把农产品提升为休闲食品、旅游商品。目前靖安县有休闲农业企业近 200 家，获评全国休闲农业与乡村旅游示范县。

图 3-19　靖安白茶

4. 推进"生态＋"大数据融合发展

靖安县建成了江西省第一朵"生态云"，用"互联网＋大数据"高新技术，对生态环境、产业发展、防汛救灾等工作进行实时监测预警管理，积极探索将生态优势转化为发展优势的"生态＋"产业转化路径，努力打造"云上生态、智慧靖安"。

（三）防治结合，先行先试

靖安县在全省做到"多个率先"。靖安县率先以红头文件禁伐阔叶林、主动缩减木材砍伐量，"十三五"期间，木材砍伐量从 13 万立方米减至不到 3 万立方米，关停并转木竹加工企业 200 多家。靖安县率先落实城乡生活污水处理工程，探索"平流生物滤床＋人工湿地或氧化塘"二级处理工艺，按照"三统一"①的要求推进农村生活污水处理。截至 2020 年年底，靖安县共建成并运行的镇、村生活污水处理站 95 座，建设配套管网 99.8 千米，覆盖全县 11 个乡镇集镇以及近 51 个行政村，日处理污水能力最高可达 6 140 吨。靖安县率先实施城乡垃圾一体化处理工程，截至 2020 年，垃圾处理累计投入达到 8 000 多万元，初步探索形成了"分类—积分—兑换—受益"的积分兑换模式，即"有害垃圾"有偿回收，其他垃圾按照"户分类、村收集、乡镇清运压缩、县转运"的模式收运至奉新县焚烧厂焚烧发电，实现原生垃圾"零填埋"。靖安县率先实施"河长制"，持续践行以"河"为贵。早在 2015 年，靖安县已经被国家列为首批河湖管护体制机制创新试点县。2017 年靖安县的"河长制"被中国改革网列为最成功的案例之一。2020 年靖安县北潦河示范河湖建设，成为江西省唯一一个入选首批国家级示范河湖建设的项目。靖安县率先推行"树保姆"管护模式，对全县近 5 000 棵珍稀古树名木进行建档挂牌保护，确定专人担任"树保姆"，责任到位，对古树名木进行日常管理。

---

① "三统一"是指统一规划、统一建设、统一运维

(四) 全域覆盖,打造靖安样板

1. 加快最美城乡建设

"十三五"期间,靖安县完成了西门外生态文化与历史旅游街区改造,西门外古街成功被评为第三批省级历史文化街区;引进了蓝城集团参与到城北新区的规划开发中,打造山水相依、历史与时尚交融的人居佳地;以创建省级文明城市为抓手,加快智慧城市、海绵城市建设,建成运行了全省首个县级数字城管平台,提升了城市管理精细化水平;大力实施乡村振兴战略,打造 11 个乡村振兴示范村,每个村建设 1 个精品民宿、1 个农产品展示店,其中,中源乡三坪村被评为国家乡村旅游重点村、江西省 5A 级乡村旅游示范点;进行农村厕所革命,建设卫生无害化厕所,2018—2020 年,连续三年入选"中国最美县域"。

2. 培育生态文化理念

靖安县提出"最美的环境是作风,最美的风景是文明"的理念,大力开展生态宣传;举办"我家在景区、人人是风景""河长制小手牵大手""清河行动""靖善靖美、从我做起"、景区收垃圾奖励等一系列活动,不断增强全民生态意识;依托宝峰寺成功打造"宝峰讲堂"公益性讲学平台,邀请了楼宇烈、温金玉、邱才桢、朱高正等著名学者前来讲座,唱响青天文化品牌,积极培育生态文化理念,切实让"好风气"与"好生态"共靖安一色。

3. 倡导绿色低碳生活

靖安县积极倡导低碳出行,支持群众开展自行车骑行、户外登山、足球、太极拳、气排球等健康运动,举办了"中国体育彩票杯"环鄱阳湖自行车精英赛(靖安站)、江西森林马拉松系列赛(靖安站)、山地自行车精英赛等重大活动。靖安县为发展骑行文化,扩大骑行场地,在原有 100 千米环山公路自行车赛道的基础上,在城区新建了 25 千米的自行车绿道,在县城至宝峰镇新建了 19 千米的自行车绿道。靖安县还建成了 8 000 平方米的九岭滨河公园,极大地丰富了群众的精神文化生活,为市民生活休闲提供了好去处。"有一种生活叫靖安"已成为人们向往的与自然高度融合的生活方式。

三、成效启示

一是"一产利用生态",坚持生态理念发展农业,提高农产品的附加值,通过设置财政补偿有机农业,提高农户种植的积极性,推动生态农产品的"标准化生产—规模化经营—品牌化销售",实现全过程可追溯,保证生态绿色品质,提高品牌效益。

二是"二产服从生态",工业项目严格审核,坚决抵制"三高"项目进驻,针对环保问题进行系统治理,按照"一企一策",推动传统产业低碳转型升级。

三是"三产保护生态",注重发展生态旅游,利用得天独厚的森林资源,大力推动度假产业发展,通过旅游产业的发展来倒逼环境的改善和修复,用旅游激活全局。

2. 打造绿色发展新业态

江西省坚持推动"农业+"文化、体育、康养及旅游等业态融合发展。一是发展农旅产业,全链条完善休闲农业,形成集农耕、采摘、康养、观光休闲等于一体的示范园区,如万载县示范园区等。二是发展农业与文化教育,强调对农业传统文明的传承与保护,合理开发和利用农耕文化遗产,建立多种形式的社会实践基地示范园区,如东乡区示范园等。

案例 3-10

生态循环农业提升农产品价值——抚州市临川区生态循环养殖

一、案例背景

随着养殖业的集约化、规模化发展,抚州市临川区畜产品产量有了大幅度的提高,但同时也产生了畜牧污染、产品品质下降等问题。因此,临川区将推广生态循环养殖技术作为解决方案。临川"飞天凤"生态养殖基地遵循生态食物循环链养殖模式,依托临川区嵩湖乡下江村15 000亩湿地松林资源,采用"林间种植牧草,林下分区养鸡,鸡粪发酵肥草"的养殖方式,以桂牧一号象草、黑麦草和农家生态果蔬、生态水稻及 120 米深层地下水为食物源,打造了"飞天凤"牌生态鸡系列产品。

二、主要做法

(一)坚持生态食物链循环养殖模式

临川龙鑫生态养殖园采用生态食物循环链养殖模式,在松林里种上自产的桂牧一号象草和黑麦,林下放养鸡,鸡吃虫吃草,产生的鸡粪经发酵成为有机肥促进湿地松林生长,构成一个有效的食物链循环。临川龙鑫生态养殖园在种鸡场、放养鸡的低洼地带建设生态水产养殖场,并建设净水工程:生活污水经简易的污水化粪池处理,流入生态水产养殖场,田螺、泥鳅吃水中的微生物,草吸收水中的营养,做第一层次水净化;甲鱼吃田螺、泥鳅做第二层次水净化;甲鱼产生的粪便提供给鳙鱼、草鱼,再进行水肥一体化;用水产养殖场流出的水和放养鸡的鸡粪制作的有机肥培育生态水稻和生态蔬菜;生态水稻经加工后产生的米糠经加工后成为放养鸡的饲料,生态蔬菜种植中的蔬菜边角料也是放养鸡的天然饲料。这个过程就形成一个食物链循环(图 3-20)。

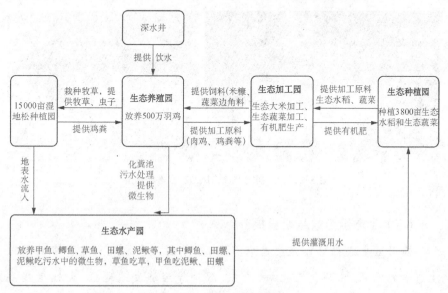

图 3-20 食物链循环养殖模式

（二）科学养殖打造绿色品牌

为了加速食物链循环的交替形成，临川区采用分区养殖，将松林分解为若干区间，在每区间按亩林限制载畜量300只，做到保障放养鸡的食物量充足，又使鸡粪不至于严重过剩污染环境，达到隔离净化环境的效果。为了充分保持生态食物链循环自然形成，临川区推动养殖区生态功能加速恢复，实现高效生态养殖，有意识地对林间分区及道路沿用自然土草路径，让林下土草中的蚯蚓及其他小生物、动物随性自然快速繁衍生长，不受外界环境的干扰。

临川区运用先进的科学化养殖技术，实现自动孵化，恒温育雏、林下放养，极大提高了成鸡存活率，降低了养殖成本；按照生态科学养殖基本要求，建立全景实时监控系统，让养殖鸡在松林里，地面吃草，地表吃蚯蚓，树上吃松针粉、松针叶，来回飞跃运动，每天飞百米，行万步，达到食物丰富营养，品质上等。临川区打造了生态、营养、健康、无公害的"上树鸡""飞天凤""生态松林蛋"等品牌（图3-21），还开发了"萤石云"手机App，让消费者随时观看生态养殖情况，增强消费者的购买意愿。

图3-21　"上树鸡""飞天凤"及"生态松林蛋"

（三）生态示范效益明显提升

临川区生态循环养殖生态农产品，除了满足当地及周边县市的居民生态食物需求外，还销至上海、广东、深圳等经济发达地区，大幅度提高了当地村民的经济收入。临川区生态循环养殖对农村生态环境保护和产业发展起到了示范、辐射作用,同时生态养殖园又是市民智慧农业体验区,逐渐发展成为集牧草种植、生态鸡养殖、生态鸡加工与销售及鸡粪综合利用于一体的现代农业示范园。临川区依托华南农业大学、中山大学等科研院所的科研成果,以养殖基地为桥梁,实现企业与农户的互利互助双赢局面,促进了乡村振兴计划发展和美丽乡村建设。

三、成效启示

按照生态学原理,在保护区域生物多样性与稳定性基础上,运用科学养殖技术,创新管理方法,形成生态食物链循环,最大限度地利用山区生态资源,促进乡村循环农业的建设与发展。一是充分利用科学养殖技术,发挥南方低丘缓坡地区山地、林地资源优势,发展生态循环养殖,形成农林牧副渔生产良性循环的农业生态系统,实现生物物质的循环利用。二是通过企业间的物质、能量、信息集成,形成以龙头企业为带动,园内包含若干个小企业和农户的生态循环养殖园,是主动对接精准扶贫行动,促进乡村振兴计划发展的一种有效途径和方法。

3.构建"企业＋合作社＋农户"的利益联结机制

一是农户以土地经营权、房屋产权、集体土地等入股合作社,由合作社与企业协商合作模式,实现农户与经营主体合作共赢。比如:吉安市示范园区等。二是建立农民就业合作模式,主要是将贫困户等在家农户安排到农产品加工产业链条之中,带动当地农民就业,引导贫困户参与利益分配,逐渐实现村企联动,如彭泽示范园区等。三是建立订单农业发展模式,采用资金补贴等形式,保障参与农民收益,促进"企业＋农户"的产销合作和利益共担,如芦溪县示范园区等。

案例 3-11

一二三产业融合发展——崇义县"两山"实践模式

一、案例背景

崇义县作为国家生态文明建设示范县,自然资源丰富。"十三五"期间,崇义县积极践行"两山"理念,以国家支持赣南等原中央苏区为契机,探索"两山"转化之路,围绕南酸枣、刺葡萄、高山茶、有机大米等产业,逐渐形成"一产突出品质、二产精深加工、三产品牌打造"的发展模式,实现从生态到生产要素转变,打通"两山"的转换通道,实现生态增收增绿"双赢"。

二、主要做法

（一）"一产＋二产"生态农业融合发展

崇义县坚持以"工业"理念发展农业。一是重点培养农业龙头企业,提升农产品精深加工能力水平。崇义县采用财政补贴、税收优惠等财政手段,保证一个产业对应一个龙头企业,并推动龙头企业与农户的合作发展,助力乡村振兴发展,如南酸枣产业的江西齐云山有限公司、刺葡萄产业的江西君子谷野生水果世界有限公司等。二是加快绿色矿区建设。崇义县出台具体实施方案,引导矿山企业生产与保护相结合,采用低碳技术处理尾矿并实现"变废为宝";关停"三高"企业,引导工业转型发展林业、旅游等产业,截至2021年年底,已经有半数以上企业实现"钨业"转型绿色产业。三是"以工促农",本质就是提高农产品的附加值。例如,对刺葡萄深加工形成酒水饮料、果酥等加工品,对南酸枣深加工形成抗氧化功能产品。

（二）"一产＋三产"生态农业多元发展

一是依托丰富的旅游资源,坚持绿色优质农产品卖出去与企业或个人引进来参与家乡建设相结合,实现一产农业与三产旅游融合发展,促进农旅要素流通,如上堡梯田、君子谷野果世界等一批乡村旅游示范点（图3-22）。二是推出精品旅游路线,实现全县旅游资源融合,如上堡梯田—万长山茶园—上堡特色小镇—赤水仙茶场等线路。

（三）"二产＋三产"生态农业示范发展

工业和旅游的融合,可以提升游客的体验感和趣味性。崇义县通过工旅结合,串联起"齐云山""君子谷""钨矿产业"等旅游景点,实现"接

图 3-22 崇义县上堡梯田及君子谷野生刺葡萄生态种植园

二连三"推进三产融合,发展工业旅游,将产品加工基地变为体验式景点。崇义县用旅游的方式提升工业的"名气",将工业产品与旅游服务相融合,形成示范效应。

三、成效启示

崇义县立足于自身生态优势,践行"两山"理念,着力做好"治山理水、显山露水"的生态文章。通过产业与生态的不断融合,崇义县持续推动要素转变,突出"梯田文化""红色文化""客家文化""阳明文化"等,将文化产业融入生态旅游产业中,从"康养""体育"等角度不断拓展旅游产业,打造了一些文旅产业融合乡村休闲示范点,持续推进一二三产业的融合发展。

(五)现代金融提质增效

江西省作为全国唯一同时拥有国家级绿色金融改革创新试验区、国家生态文明试验区及生态产品价值实现机制试点的省份。"十三五"期间,江西省积极响应国家政策要求,探索了绿色市政专项债、低碳修复保险、"气象+价格"综合收益保险等绿色金融产品,并向全国推广。南昌市建设赣江新区试验区,并率先发行了绿色市政债、绿色债券等;抚州、赣州等地创新推出了"链养贷""洁养贷""智洁贷""林农快贷"等抵押贷款模式。2020年江西省绿色金融发展指数位列全国第4名,连续三年与北京、浙江、广东等省市一道位居全国第一方阵。

全国首单绿色市政专项债——赣江新区绿色金融改革之路

一、案例背景

"十三五"期间,南昌市赣江新区抓住"产城结合"打造儒乐湖绿色智慧新城的契机,主动作为、抢抓时机,创新债券品种服务绿色实体的融资需求。2017 年 6 月赣江新区获批国家首批绿色金融改革创新试验区。2019 年 6 月,赣江新区绿色市政专项债券(一期)在上海证券交易所发行,实现我国绿色市政专项债发行"零"的突破。赣江新区国家绿色金融改革创新试验区已有 20 多项经验成果在全国复制推广,其中有 6 项成果为全国"首单首创"。赣江新区通过绿色金融的"活水"不断释放了生态产业发展的"绿动力"。

二、主要做法

2017 年赣江新区的绿色市政债首单发行额 3 亿元,期限 30 年,票面利率 4.11%。该绿色市政专项债的成功发行,主要基于以下做法:

(一)高位推动,部门联动

省委省政府高度重视、高位推动,多次指示赣江新区要探索发行绿色市政债,打造特色亮点。各部门之间相互协调,高效推进,赣江新区与省金融监管局、人民银行南昌中心支行等有关部门积极沟通,达成了一致的发行意见。项目申报阶段,省财政厅大力支持,给予了相应的额度;项目遴选阶段,赣江新区各部门配合联动,共同对上报项目开展联审。

(二)合理规划,高标要求

赣江新区从绿色项目的建设、运营、回收,财政支持,市场需求等多角度论证,从而科学地确定其发行的规模和期限。鉴于绿色市政债发行专业性较强,对第三方机构的业务能力要求较高,赣江新区政府积极比选机构,遴选经验丰富的优质专业机构,高标准高要求做好项目发行前的准备工作。

(三) 选好项目,收益平衡

赣江新区将市政贷的资金投入可持续发展的优势项目,使用优势项目的可持续盈利保证市政贷资金的归还。赣江新区政府作为绿色市政债的发行载体,探索出"入廊运营收入＋广告收入＋政府补贴"的运营模式,遵循市场化原则,确保收益与债券融资自平衡。

三、成效启示

绿色市政专项债可以有效地弥补资金缺口,降低融资成本,缓解财政压力。绿色市政专项债的推行有利于填补全国绿色市政债领域的空白,丰富我国绿色债券品种。绿色市政债券具有期限长、融资成本低的特点,适用于建设周期长、成本回收周期长、具备公共用品特点的市政基础设施建设类项目,可较好地补充传统银行贷款、债券品种难以满足的项目融资空白,有效降低融资成本,缓解政府债务压力。在实践过程中,仍需发挥政府财政长周期补贴优势,通过设计良好的产品运营模式形成收益闭环,弥补短期收益不足。

四、环境治理和生态保护市场领域

(一) 健全环境治理和生态管护机制

江西省探索了林业金融产品创新、林权抵押融资推进国家储备林基地建设、畜禽智能洁养贷、绿色市政债、"信用＋"经营权贷款机制,并创新地方和央企合作机制打造长江"最美岸线"。"十三五"期间,江西省开展生态环境监测监察执法垂直管理改革,通过全省"生态云"大数据平台的创建,不断强化省级生态环境治理的监测事权,建立生态环境质量趋势分析和预警机制。江西省建立健全了环境保护管理制度,强化大气、水、土壤、森林方面的环境质量监管。完善突发环境事件应急机制,建立覆盖全省的环境应急指挥平台,强化针对危险废物收集、运输、处理的监管和问责机制。

"最美岸线"——彭泽县长江长效管护机制

一、案例背景

2015 年,彭泽县矾山化工园区环境污染问题被央媒曝光,其污水处理设施形同虚设,工业污水直接排向长江,严重污染了长江的水质,破坏了长江的生态系统。"十三五"期间,彭泽县坚持"共抓大保护、不搞大开发"的原则,采取最严格的生态保护制度。矾山化工园区通过污水处理设备升级,采用最严格的环保标准,成功把曾经重污染的园区打造成为现如今的长江经济带绿色示范工程,实现了工业绿色健康发展。另外,彭泽县以国家长江经济带战略发展为契机,紧紧围绕"水美、岸美、产业美、环境美"要求,强化生态修复、推动"三化"①结合和"三地"②同建,建成江西省唯一全线贯通的 46.5 千米长江"最美岸线"。

二、主要做法

(一)坚持生态修复相结合,打造"绿水青山"

"十三五"期间,彭泽县坚持生态修复理念,完善生态修复保护机制,按照"因矿制宜、分类指导""一矿一策、一矿一景"等修复策略,通过与三峡集团、江西长峰实业、宏浩麻山矿业等企业合作实现政企联手,创建国家级绿色矿山 3 个,修复所有废弃矿山 50 余个,造林 7 000 多亩,打造了沿江系列景观亮点,建设了长江湿地和滨江休闲公园。另外,彭泽县还创新构建长效管护机制,探索"部门+联合"法治化、"互联网+技防"智慧化、"公司+外包"市场化等三种管护方式,逐渐实现长江岸线山青水绿。

---

① "三化"即绿化、美化、彩化。
② "三地"即林地、绿地、湿地。

（二）坚持生态环境治理，保护最美"水体"

彭泽县统筹抓好水环境治理，县域内 150 多座小二型以上水库实现"人放天养"，沿江入河排污按照"一口一策"整治并建设 24 小时入江水质监测平台（图 3-23）；成立长江生态管护队，对长江沿岸村庄实施"三规三清"行动，即规范杂物堆放、规整老旧建筑、规矩农户种养，确保沿线旱厕、彩钢瓦、黑臭水体彻底清零，并实行督查考核，确保管护到位；坚持全域治理，对长江流域重点水域实现"禁捕、退捕"，妥善解决渔民退渔后补助、社保、就业、就学等问题。

图 3-23　彭泽县污水处理设备及智慧环保监控平台

（三）坚持生态产业发展，绘就绿色"画卷"

彭泽县坚持在保护中发展，确保沿江 1 千米范围内不再上化工项目，通过"三个一"①工程，将化工设施逐渐清除出沿江区域。彭泽县加快调整产业结构，着力发展绿色低碳产业，建设现代农业示范园区，发展绿色生态农业，推动一二三产业融合发展。

三、成效启示

彭泽县在生态环境保护中，坚持整合力量，创新管护机制，打破了以往"九龙治水"的尴尬局面，探索长江流域共管机制。彭泽县创新生态环境管护方式，提升管护质效，创新了"公司＋外包"市场化、"队伍＋管

---

① "三个一"即关停退出一批、整合搬迁一批、升级改造一批。

理"专业化以及"互联网＋技防"智慧化等管护方式。彭泽县实施最严格的治理制度，对污染企业"零容忍"，促使矿山"复绿"。

（二）持续推动生态污染治理与修复

"十三五"期间，江西省从污染防治的核心大气、水、土壤污染治理着手出发，逐渐改善大气、江河污染等环境问题。例如，采取土壤污染综合整治试点、废弃物安全处置、塑料替代产品推广、化肥农药减量化等措施。江西省重点推进土壤污染治理与修复，并发布污染地块名单、建设用地土壤污染风险管控和修复名录；强化封井回填、矿山复绿、水土保持修复等系列工作。

案例 3-14

土壤污染治理——贵溪市创新重金属土壤污染治理

一、案例背景

贵溪市作为国家铜冶炼基地，拥有规模以上铜企业 60 多家。由于铜矿冶炼企业"三废"的无序排放，该市很多地方土地受到严重污染，尤其是冶炼厂周边地区的土壤中普遍存在铜、镉等重金属含量超标，严重影响周边民众的生活和耕种。2011 年贵溪市聘请中科院南京土壤研究所承担实施"江铜贵冶周边区域九牛岗土壤修复示范工程"，经过十多年的治理，污染的土地已经从"毒地"变"绿地"，重新种植的水稻和花卉等植物取得极大成功，生态功能得到显著提升，开创了土壤修复的"贵溪模式"。

二、主要做法

（一）降低活性、理化治理

贵溪市选择农化技术降低活性，通过"理化治理＋生物修复"实现标本兼治，即通过对土壤污染特点和治理土地利用方式进行分析，专门研发重金属污染调理钝化修复材料，用于溶解土壤中的重金属，从而达到降低污染重金属生物有效性和环境风险的目的。

（二）因地施策、生物修复

贵溪市对污染地按重度、中度、轻度分别采取不同的治理方案，做到精准施策。在原来种植水稻的轻微度污染区，施用钝化/稳定化调理剂，仍由农民种植水稻，最大限度地保障种出的水稻糙米达到国家食品安全标准；在中度及重中度污染区改良后，已不再作为种植水稻等可食用农作物的，因地制宜种植巨菌草、香樟等耐重金属经济作（植）物，经济和生态效益显著；在重度污染区，种植伴矿景天等重金属超积累植物以及香根草等重金属耐性植物，逐步降低土壤重金属总量，恢复污染土壤的生态功能。另外，贵溪市对重度污染区域住户进行整村搬迁，建设滨江生态安置小区，并完善小区交通、通信、电力等基础设施和配套设施。

（三）科学规划、技术引导

贵溪市通过科学规划，逐渐实现土壤中重金属污染物存量和污染物毒性同时减少，土壤利用水平得到提高，让曾经"寸草不生"的"毒地"重变"绿地"。规划后的污染土壤中重金属和毒性含量显著下降，其中有效态重金属浓度下降60%以上，土地植被覆盖率也达100%，项目实施地周边地表水质也得到显著提高，生态环境得到极大改善。2020年贵溪市修复土壤中种植的香樟、广玉兰等花卉（图3-24），取得较好的经济效益，取得了污染土壤边修复边获利的新突破。

图3-24 贵溪市重金属污染土壤修复前后对比

三、成效启示

在修复治理中,贵溪市兼顾生态账和经济账,大胆探索"边修复、边收益"模式,同步推进土壤修复与产业发展。通过种植景观绿化植物,土地既长出"风景",又展现出"钱景"。贵溪冶炼厂周边区域重金属土壤污染的成功修复,既大大减少了周边群众与当地政府和企业之间的矛盾,又可作为我国重金属土壤污染修复的成功案例,发挥示范作用,实现社会稳定、经济增长及生态改善"三赢"局面。

(三)发展碳汇交易市场

1. 持续提高固碳能力

森林作为最大的"碳库",是维持实现"双碳"目标的主要手段。江西省林业资源丰富,正在将森林资源建设成全省"双碳"的重要平台。江西省围绕"固碳"和"增汇"两个核心,从监测、开发、交易、政策及管理多角度构建林业碳汇产业链,统筹推进"山水林田湖草沙"一体化生态建设。江西省坚持在依托废弃矿山、荒山荒地、裸露山体开展"复绿"工程,构建林业碳汇调查监测评价体系和监测评价中心,为建立林业碳汇交易提供技术支持,强化林业碳汇价值评估,健全价值实现机制和交易市场管理制度。

案例 3-15

森林资源有偿改革——安福县林业资源价值评估

一、案例背景

安福县隶属于吉安市,位于江西省中部偏西的位置,森林覆盖率超过70%,森林林木蓄积量329.18万立方米,林业面积达到全县土地面积的75%左右,共有20余万公顷,其中4.44万公顷被列入国家级和省级重点公益林。安福县作为国家重点生态功能区,省级重点林业县和生态文明建设先行示范县,拥有6个国有林场和1个林业科学研究所。其中,明月山林场作为全省最大国有林场,现有经营面积为53.6万亩,被评为"全国森林康养示范基地""全国森林康养林场""中国最美林场"等称号。

二、主要做法

(一)高位推动,顶层设计

2020年,安福县被江西省列为资源资产有偿使用制度改革试点之一(图3-25)。安福县高度重视林业价格评估工作,各级领导坚持续推进国有森林资源资产有偿使用制度改革,专门成立工作推进小组,责任细分落实到具体单位。经过充分调研,安福县发布了与国有森林资源资产有偿使用相关的一系列改革方案和管理办法,制定了准入清单,形成了价格机制,确定了评估范围、方法和标准,改革试点工作取得了明显的成效。

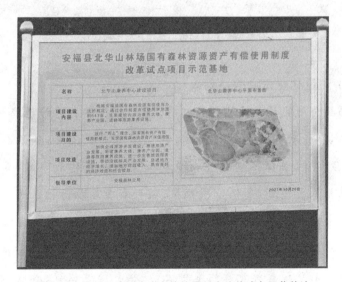

图3-25 安福县资源资产有偿使用制度改革试点示范基地

(二)深入调研,有序推进

安福县定期召开相关部门座谈会和进行实地调研,实时分析国有森林资源资产有偿使用情况。林场经过评估以后,由企业进行有偿付费经营种植中药材(图3-26)、开发林业经济等。通过规范评估程序,安福县有效维护了国有森林资源资产所有者和经营者的合法权益,充分体现了森林资源的生态价值。

图3-26　耕地租赁山场中药材种植现场

(三)注重林业资源效益最大化

安福县全面实施天然林停伐工作,通过摸排存在纠纷隐患的林地,积极沟通协调,确保林地权属清晰,避免国有资产流失;加强森林重点时段、地段防控,确保不发生重大森林火灾和人员伤亡事故,要求森防专家对森防人员培训,加强监测预报,做好有害生物防控工作。同时安福县推广良种良法、造林实用技术,年均实现造林6万亩以上,活立木总蓄积量达1 300万立方米,年均增长3.2%,造林面积和森林质量位居全省前列。在保证森林资源的基础上,安福县通过租赁、入股、拍卖、共同开发等方式发展森林旅游、林下经济等,最大限度实现森林资源的社会、经济和生态效益最大化。

三、成效启示

我国国有森林资源资产有偿使用改革试点还在探索期间,安福县先行先试具有较大的代表性。一是健全资产价值评估体系。安福县通过整理本区域内林业资源数据,并结合试点评估机制,逐渐形成了带有区域特色的林地、林木、经济林等资源的评估和交易价格,构建系统性的评估价值体系。二是森林资源评估的前提是做好林业资源的保护工作。安福县积极探索森林资源保护机制,然后通过市场化运营模式进行有偿使用,实现效益最大化。

2. 探索碳汇交易市场

"双碳"目标实现的主要渠道之一就是森林碳汇,而碳排放权交易市场(简称碳市场)又是发展森林碳汇的主要助力。碳市场对于统筹推进污染防治和二氧化碳达峰行动有着关键的作用。2016—2019 年,江西省碳强度累计下降 20.48%、提前完成"十三五"目标任务。江西省坚持统筹与监督考核相融合,协同推进碳市场建设,针对重点行业、单位开展碳排放核查,并形成碳汇交易办法、碳排放交易配额等制度,建立了全省碳峰值路径跟踪机制。江西省在赣南等原中央苏区选取较贫困但森林资源丰富的县区作为试点,开展林业碳汇先行先试,实现绿水青山转变为金山银山。

案例 3-16

让绿色生态有"钱景"——乐安碳市场化之路

一、案例背景

乐安县生态旅游资源丰富,具有代表性的是"四千"[①]景点。乐安县也是江西省的重点林业县,森林覆盖率高于全省平均水平近 7 个百分点,其中古樟林木材直接价值超 3 亿元。普通林木每生长 1 立方米的蓄积量,大约可以释放 1.62 吨 O_2,并吸收 1.83 吨 CO_2,其中,冠红杨生 9 年即可成材,而且其叶片比较大,每亩成材林的蓄积量可为 28 立方

---

① "四千"即千古第一村流坑村、千尺飞瀑群金竹瀑布群、千年古樟林牛田古樟林、千仞道仙山大华山。

米,大约可以释放 45.36 吨 O_2,吸收 51.24 吨 CO_2,是同类树种的 1.5 倍。"十三五"期间,乐安县以森林资源保护和培育为重点,以开发林业碳汇项目为突破口,采用成本较低的碳汇交易,探索"两山"转化新路径,促进生态保护与经济发展。

二、主要做法

(一) 先行先试、首吃"螃蟹"

2014 年,乐安县开发出我国首个 VCS 国际标准自愿减排森林经营碳汇项目,当年 8 月 18 日,乐安碳汇项目正式在广州交易所挂牌交易,为江西省打响了林业碳汇在中国的第一枪,上海一家企业当天就签约"购碳"5 000 吨,建议价格在 60 元/吨左右。根据乐安县林业资源的现状,林场按照 10% 的收益分成,每年通过"卖碳"平均经济收益可获得数十万元。"十三五"期间,陆续又有环保桥(上海)有限公司、江西银行、大新银行等多家单位购买乐安碳汇,而且随着碳排放指标的严格管理和运行,有望给"绿水青山"的乐安县带来更丰厚的"金山银山"。

(二) 绿色发展、确保碳市场可持续发展

通过前期的先行先试,乐安县 2017 年全面启动碳市场,逐步出台相关系列法规政策。乐安县在尝到了碳汇"甜头"后,积极通过优化经营管理、封山育林、减少采伐量、延长轮伐期等系列措施,提升碳汇项目实施面积。

(三) 创新运作模式,生态与发展

乐安县通过制定碳汇项目运作程序来进行项目开发和市场交易 (图 3-27)。碳汇项目的运作程序如下:文件收集、报告整理、实地测算、评估当量、审定检查、签发当量、挂牌交易、比例分红。碳汇项目主要通过两种合作模式进行运作。一是"国有林场 + 公司"模式。国有林场提供林地作为项目标的,碳汇公司负责碳汇项目的运作,按照约定比例进行利润分红。二是"农民专业合作社 + 公司"模式。私人林地产权比国有林场要分散得多。农民专业合作社可以将零散的私人林地资源进行整合,再与碳汇公司合作;农民专业合作社主要负责林地的正常维

护和经营管理,碳汇公司主要负责市场的运营,双方按比例进行分红。

图 3-27　乐安碳汇交易

三、成效启示

　　虽然林业碳汇的模式还在探索中,但是随着"双碳"目标的提出,其发展前景是不可估量的。乐安县碳汇交易的成功是"两山"理论的应用实践,证明坚持绿水青山是可以实现金山银山的,有效地解决了封山育林、湿地修复与农户经济收益之间的矛盾,使农户能自觉地参与到生态环境保护中来,促进了生态的可持续发展。但是当前碳汇交易尚存在很多不足,既需要政府的有效引导和规范,也需要企业的积极参与和创新,提高碳汇交易的运营效率,降低碳汇交易的风险。

五、绿色共治共享领域

(一)生态惠民、绿色共享

　　"十三五"期间,江西省坚持产业转化,把生态文明建设与民生工作紧密结合起来,实现绿色惠民的"获得感"。江西省坚持"绿色"引领发展主基调,让人民群众共享绿色发展成果,通过建立生态信息公共平台,探索绿色生活需求生态环境指标体系;通过加强城市公园、湿地公园、森林公园等公园绿地建设,有序推动自然保护区实验区适当向公众开放,让人民群众共享绿色福利;通过倡导绿色低碳的生活方式和城市"双修"①方式为抓手,构建生态宜居的生活环境。

江西省初步构建了生态环境目标考核评价机制,进行绿色低碳试点示范。截至 2020 年年底,江西省已建立 43 个低碳试点县、6 个低碳示范县、29 个低碳景区、20 个低碳社区、5 个低碳产业园以及 3 个近"零碳"排放示范工程,低碳覆盖率超过 50%。2021 年,江西省确定了南丰、吉安、崇义等县开展首批林业碳汇项目试点,积极探索新金融手段,发行了全国有色金属行业首单"碳中和债"。

案例 3-17

厚植绿色基因、共享生态福祉——武宁县"两山"价值转换探索

一、案例背景

江西省武宁县拥有得天独厚的山水风光和优美生态环境。"十三五"期间,武宁县积极践行"两山"理论,实现生态与经济的和谐发展。2018—2021 年武宁县连续四年荣登"中国最美县域榜单",先后获得了国家级创建生态文明典范城市、绿色农业示范县、十佳宜居县城、卫生县城以及省级生态文明建设先行示范县、十佳绿色生态县等一系列荣誉称号,被称为一座"人在画中的城市"。

二、主要做法

(一)加强顶层设计

武宁县 2015 年启动了生态文明先行示范区建设,2016 年编制了系

---

① "双修"是指生态修复、城市修补。

列建设规划,明确构建了"五大生态"①体系,并将全县53%的国土面积划入生态保护红线,严格限制在生态保护红线内搞大开发,还将西海湾沿岸作为县城的中轴线来规划设计。武宁县在总体规划设计的同时,也建立了督导考核机制。

（二）坚持生态产业

武宁县坚持以绿色产业为导向,杜绝"三高"产业,选择光电、旅游、农业、大健康等作为主导产业。"十三五"期间,武宁县工业园区已入驻光电企业120余家,逐渐形成完整的产业链;打造省市级农业企业10余家,市级以上龙头企业30余家,百亩以上特殊产业基地100余个,并且形成了"武宁有机鱼"等地理标志商标品牌;注重旅游与体育、文化、康养等的结合(图3-28),打造国家4A级、3A级景区10余个,推动旅游产业全域融合发展。

图 3-28　武宁县特色农田文旅建设

（三）机制助力长效

体制机制创新是生态发展的保障。武宁县积极探索生态保护相关制度,实行了"生态智库""多员合一""林长制""河（湖）长制""5G＋生

---

① "五大生态"是指绿色经济、优美自然、养生宜居、和谐人文、清明政治。

态管护"等制度；探索生态资源核算体系，通过对县域内自然资源统一确权登记，并出台了生态环境责任追究、领导干部离任审计等制度，逐渐形成权责清晰、管理有度、监督有效的生态资源产权制度；推进禁捕退捕，实行清水养育，取缔网箱养殖和清理养殖库湾，推行"智慧渔业"建设；借力绿色金融，开展"生态产品储蓄银行"试点，推动"资源—资产—资本—资金"的转变，确保"垃圾不落地"，实现农村清洁工程全覆盖。

三、成效启示

一是绿色发展是方向。久久为功，咬住目标不放松。历任主管干部应持之以恒，坚持绿色发展和"一张蓝图绘到底"的信念，才能取得生态效益。

二是生态保护是前提。守住生态环境安全的底线，坚信保护环境就是保护生产力，改善环境就是发展生产力。政府应通过系统化的生态保护，呵护一方青山绿水，收获一片金山银山。

三是产业发展是路径。经济的发展离不开产业的支撑，政府应通过产业绿色调整，从光电、医药、农业、旅游、健康等低碳产业着手，促进产业升级，实现经济效益与生态效益"双赢"。

四是制度建设是保障。政府应出台一系列的制度，引领生态文明发展，把制度建设贯穿到生态规划、产业指导、环境监督、综合考核评价等各个环节。

五是民生改善是目的。实现良好生态环境的共治共享是发展的根本目的。政府应始终把民生改善作为着力点，着力推进森林资源保护、矿山污染、湖区渔业秩序等专项治理，持续增加生态产品供给。

（二）政府引导、共同参与

要实现绿色共治共享，既需要政府主导，也离不开社会各方的共同参与。江西省的生态保护资金来源于中央、省级、市县及社会市场。为确保资金的使用效率,江西省建立了跟踪问效机制。江西省发改委联合财政厅每年对补偿资金的使用情况进行绩效评估,对发生重大(含)以上级别环境污染事故或生态环境破坏事件的县(市、区),扣除当年补偿资金的30%~50%,所扣除资金纳入次年全省流域生态补偿资金总额,激励地方加大生态环境保护力度,提高资金使用效益。"十三五"期间,江西省生态公益林补偿金额超过11亿元,补偿面积超过5 000万亩。

江西省立足于治山理水、绿色发展,坚持以产业发展为引领,对生态项目进行修复和保护。江西省因地制宜地挖掘"绿水青山"资源,通过居民共同参与入股的形式,大力发展乡村旅游、带动周边群众共同致富,激活地域生态文明资源,真正做到生态资源变资本、资本变资产、资产变资金,助力乡村振兴。

案例 3-18

文旅融合助力乡村振兴——乐安县生态资源入股

一、案例背景

乐安县位于抚州市西南部,生态旅游资源、红色和少数民族文化资源丰富,具有红色、绿色、古色"三色"之美。其中,金竹畲族乡作为全市唯一的少数民族乡,森林覆盖率超过90%,被评为"国家级生态乡""全省生态优美乡镇",境内金竹瀑布群、大龙山原始森林等自然景观丰富。乐安县既有少数民族畲族的地域风情,还有毛泽东旧居、张英烈士墓、光绪年间建造的古祠堂等历史文化景观。乐安县依托"三色"之美,依托丰富的生态资源,采用"旅游景区＋生态产业＋特色文化"的融合模式,走出了一条生态价值转化为生态资本和经济效益的乡村振兴之路。

二、主要做法

(一) 市场化运营生态资源

乐安县践行"两山"理念,充分发挥政府引导作用,激活市场活力,依托专业旅游公司实施标准化运营管理,大力发展生态农业、地域文化等产业,着重突出金竹景区、流坑古村等生态资源文旅特色。乐安县创新采用 EPC 模式解决生态旅游资金筹集、运营开发等问题,通过新媒体平台积极宣传,不断提高景区知名度。

(二)农户生态资源入股

生态文明建设不仅是发展理念,更是生态富民的现实路径。乐安县金竹畲族乡以"绿水青山"作价入股旅游开发,创新收益分配机制,推动多层次利益共治共享,生态红利惠及周边群众,实现"资产变资本、村民变股东"(图 3-29)。村民除了享受景区盈利分红和参与就业,还办起了农家乐、民宿等,家家户户吃上"生态饭",极大提升了群众参与景区合作开发的积极性和主动性,形成生态产业发展"向心力"。

图 3-29　乐安县金竹瀑布及生态资源入股分红现场

(三)生态与文化相融合提升旅游竞争力

乐安县不断加快生态、文化、旅游融合发展,深挖金竹畲族文化底蕴,充分发挥当地特色非物质文化遗产价值,突出民族风情。乐安县通过与大连民族大学、中南民族大学、南昌大学等高校合作,挖掘乡土文化内涵,举办竹竿舞、对山歌、篝火晚会等特色民族活动,促进畲族民俗生态旅游迅速发展。另外,乐安县还深挖红色文化,加强对毛泽东、朱德、周恩来、邓小平等战斗、生活过的遗址的修复保护,加强红色文化教育,传承红色基因,逐渐形成一条"少数民族文化＋红色文化＋历史文化"的文旅融合发展之路。

（四）打造生态农产品绿色品牌

乐安县狠抓生态产品特色化、品牌化，提升产品"含绿量"，并通过"互联网＋旅游＋农业"模式增加农产品生态价值。例如，金竹畲族乡大通村梯田稻浪金黄，其利用独特自然生态和历史文化资源，发展乡村旅游，成为远近闻名的旅游点。另外，乐安县还引导农户发展稻田养鱼、高山蔬菜等种植模式，带动当地农民发家致富。

三、成效启示

（一）旅游发展的根本在于良好的生态

优越的生态环境是实现生态旅游产业可持续发展的根本。乐安县金竹畲族乡坚持守护"绿水青山"的底线，在生态环境承载力之内发展旅游产业；充分发挥周边居民的积极性，打造乡村一体联动机制。

（二）推动生态旅游产业链融合升级

生态旅游发展的关键在于保护好生态资源，而不是简单粗暴上项目，要坚持绿色发展，注重项目与文化、产业、乡村民宿相融合，以文化内核传承为纽带，实现由旅游"中转地"变为"目的地"，扩大生态旅游产业链，实现生态价值转换。

（三）以人民为中心推动乡村振兴

"以人民为中心"是我国发展的根本前提，生态旅游发展的目的是推动经济发展，发展红利更多惠及普通民众，提升人民获得感和幸福感。因此，在生态发展中要充分尊重村民的意愿和需求，发挥周边居民的积极性和能动性，探索多层次利益联结机制，实现生态旅游共治共享机制，让群众生活既有"面子"更有"里子"，助力乡村振兴不断提升。

（三）绿色共建、文明宣传

江西省开展绿色共建，从 2020 年开始将每年的 6 月设为生态文明宣传月，运用多种形式宣传生态文明的创新成果、环境保护、示范样板建设等成效；不断加强乡村社区生态建设，培养乡村生态文明认同感，促进有条件地区把森林、湿地、地质等公园或景区逐步向公众免费开放,利用新媒体、电视等形式开展生态文明公益宣传,推进绿色家庭、学校、园区等创建活动,逐步培育民众的自然保护和生态文明意识。

案例 3-19

生态宜居、绿色发展——宜黄县国家生态文明建设示范县

一、案例背景

宜黄县的森林覆盖率超过 76%,辖区内五条水系纵横交错,地形以山地、丘陵为主,被称为"八山半水一分田,半分道路和庄园",拥有 2 个自然保护区,属于省级森林县城、省级低碳旅游示范景区及省级首个近零碳排放区示范工程试点县。宜黄县坚持绿色发展,生态效益不断提高。2020 年宜黄县被生态环境部命名为国家生态文明建设示范县和全国森林康养基地试点建设县。

二、主要做法

(一)坚持环境优先,确保生态安全

宜黄县坚持生态优先,积极践行"两山"理论。"十三五"期间,宜黄县开展大气、水、土壤等专项整治行动,禁止污染空气的行为,强化水资源保护以及做好土壤污染防治工作。宜黄县围绕"三保、三增、三防"①推动林长制改革,建立了五级林长责任体系,实现对林地的有效保护。宜黄县秸秆综合利用率超过 95%,环境空气质量优良率达 97%,省级断面水质达标率达 100%,EI 达到 84.6,拥有国家级生态乡 4 个和省级生态乡村 27 个。

(二)生态底色打造绿色产业

宜黄县守好生态"底色"推动产业绿色转型升级,围绕汽车、电子信

---

① "三保"是指:保森林覆盖率稳定、保林地面积稳定、保林区秩序稳定;"三增"是指:增森林蓄积量、增森林面积、增林业效益;"三防"是指:防控森林火灾、防治林业有害生物、防范破坏森林资源行为。

息、新材料等产业不断做大做强,坚持"两特一游"①发展思路对农业进行产业结构调整,发展食用菌、茶、蔬菜、中药材等七大绿色产业,探索"稻—鱼"水产养殖模式,积极推进农旅、康养融合,打造"禅韵戏乡、养心宜黄"品牌。

(三) 机制创新实现生态产品转化

机制创新是生态发展的保障。宜黄县生态执法成为全省典范,通过"一集中、三统一"②综合执法,让"生态110"守护绿水青山;全面实施山长制、林长制、河长制,通过法治手段实现对林业、野生动物的保护;探索农业水价改革机制,提升农业灌溉水利用系数,推进农田水利可持续发展;探索生态产品转化实现机制,积极开展重要生态区内的商品林赎买工作(图3-30)。

图 3-30　宜黄县生态社区及美丽乡村

三、成效启示

宜黄县坚持生态发展理念,持续推进生态修复,通过体制机制创新,调动社会力量对生态违法行为进行监督,有效地打击了破坏生态环境行为,守护了一方绿水青山;并通过产业转型调整,探索生态产品转化之路,实现了绿水青山就是金山银山。

---

① "两特一游"是指特色种植业、特色养殖业、休闲农业和乡村旅游。
② "一集中、三统一"是指集中办公、统一指挥、统一行政、统一管理。

（四）文旅融合、四色发展

"十三五"期间,江西省充分挖掘文化资源,实现生态文旅融合发展,推动了从"四色江西"到"四美江西"的发展。江西省积极发展以南昌、井冈山、瑞金、安源等为代表的红色文化,以陶瓷、书院、戏曲、民俗等为代表的古色文化,以庐山、三清山、龙虎山、鄱阳湖等为代表的绿色文化,以VR、航空、移动物联网、电子信息等新兴产业为代表的金色文化,充分体现了江西省的"四色"之美。传承本色"红色"、保护底色"古色"、展现亮色"绿色",坚持生态优先、文旅融合形成可持续发展"金色"。

案例 3-20

"两山"实践创新——井冈山精神的绿色发展之路

一、案例背景

井冈山市的森林覆盖率达到 86% 以上,林地面积达到 180 万亩,是耕地面积的 9 倍之余,生态环境优美,空气质量优良,享有"天然氧吧""天然动植物园"等美誉。井冈山市诞生了中国第一个农村革命根据地,拥有保存完整的 100 多处革命旧址遗迹,孕育了井冈山精神,被称为"红色摇篮"。近年来,井冈山市坚持生态文明发展理念,践行"两山"理论与实践,深挖红色、客家等文化,推动文化与绿色产业不断融合,取得不错的成效,获得国家级生态文明建设示范市、文明风景旅游区、卫生城市、园林绿化先进城市、体育先进市、"绿水青山就是金山银山"实践创新基地等称号。

二、主要做法

（一）思想理念先行,机制体制创新

"十一五"期间,井冈山市就明确了"生态立市"的理念,2008 年获批省级绿色生态市,立足于红色发展理念,出台了红色旅游发展规划、红色教育培训、民宿发展实施方案等系列文件。井冈山市完善红色旅游点基础设施建设,仅"厕所革命"的投入就达到 2 000 万元。

（二）深挖红色文化

井冈山市花力气保护和修复红色遗址，力求完整保留"没有围墙的红色博物馆"（图3-31）。井冈山市持续丰富红色内涵，一方面针对市内旅游工作者、贫困户等开展红色文化和乡村旅游培训；另一方面开发系列红色研学课程，举办"红博会""美食节""音乐节"讲好红色故事。

图 3-31 红色井冈山

（三）绿色产业

井冈山市通过红色文明与生态文化协同发展的方式，引导开展农家乐、民宿、讲解服务、绿色农产品销售等创利项目，实现红色旅游带动绿色产业发展，促进文旅农产业融合、红色绿色协调发展，打造了"231"①富民工程，推进了特色旅游小镇建设。目前红色旅游已成为井冈山市的主要产业，占其GDP总额的1/2以上。

三、成效启示

一是树立红色旅游发展理念，实现旅游景点、要素及业态的全面升级。

二是通过红色旅游带动产业发展，助力乡村振兴，实现"老表变老板""农产品变旅游产品"的转换升级。

三是依托红色文化及乡村旅游知识的培训，通过打好"红、绿"两张牌，真正实现乡村经济绿色发展。

---

① "231"是指20万亩茶叶、30万亩毛竹、10万亩果业种植加工基地。

六、生态文明绩效考核和责任追究领域

(一) 生态文明建设制度逐渐完善

为了推动生态文明建设可持续发展,江西省出台了一系列的规章制度。早在 2016 年就颁发了《江西省编制自然资源资产负债表试点方案》,从省内选取四个地方,以土地、森林以及水等资源为内容进行自然资源资产负债表编制试点,从而可以对生态文明的成果进行有效的评价,而且编制自然资源资产负债表既是落实领导干部生态资产离任审计的主要依据,又可为生态文明决策提供有力的支撑。

2017 年出台了《江西省党政领导干部生态环境损害责任追究实施细则(试行)》,对党政领导干部实行生态环境损害责任终身追究制,要求各县(市、区)每年必须发布绿色发展指数,每一年进行一次绿色发展指标评价,每两年进行一次生态文明建设考核。同年也出台了《江西省生态文明建设目标考核办法(试行)》,实现了党政领导生态文明建设的"一岗双责",主要包括辖区内生态相关的资源利用、制度改革创新、环境保护、公众满意度等内容,如果发生了生态环境事件则进行扣分处理。2021 年开始实施《江西省生态文明建设促进条例》,该条例作为地方性的法规,涵盖了生态文明目标责任、生态安全、生态文化、生态法律责任、生态保障与监督等各个方面,江西省生态文明立法工作走在全国前列。

案例 3-21

资溪县生态保护责任审计的实践与探索

一、案例背景

长期以来,资溪县高度重视生态环境的保护。早在 21 世纪初,资溪县就提出了"生态立县"战略。资溪县坚持以绿色产业发展为主,关掉了很多污染类企业或限制部分工业产业发展。在这个过程中,因为直

面经济的"阵痛",有的领导干部开始动摇,所以资溪县决定对生态单位相关负责人实施生态保护责任审计,并把结果计入档案,确保生态与政绩相挂钩。2003年资溪县开始实施生态保护责任审计,经过长期的实践,成效显著,该县森林覆盖率高达87.7%;有着"中国天然氧吧""纯净资溪""动植物基因库"等美称,先后被评为国家级生态示范区、国家重点生态功能区、国家生态文明建设示范县、国家生态综合补偿试点县等,生态环境综合评价指数位于中部地区前列。在资溪县,"绿色—生态—纯净"的发展理念深入人心,"两山"转化发展得到广泛支持。

二、主要做法

(一) 生态建设目标不断升级

在生态保护责任审计提出之初,资溪县以县委组织部为考核部门,约束领导干部的相关决策权,坚持绿色发展资溪,生态建设目标不断升级,从最初的"绿色资溪"到"生态资溪"再到"纯净资溪",考核指标也不断丰富,从最初单纯对水质、土壤、森林等大项进行考核,逐渐细化到如今的单位GDP耗水量、垃圾污水处理、土壤污染、空气负氧离子含量等。

(二) 把领导干部的政绩融入绿水青山

生态保护责任审计的核心在于把政绩考核与生态效益关联起来。资溪县制定自然资产离任审计工作方案并不断进行补充,促使生态保护责任审计逐步规范化和系统化。资溪县对生态保护责任审计不合格实行"一票否决",促使一任接一任的领导持之以恒地传递好"生态接力棒",积极落实生态考核的"党政同责"和"一岗双责"。

(三) 不断创新生态文明建设手段

(1) 资溪县聘请中科院的专家,摸清自然资产的"家底",推动生态资源量化。

(2) 为盘活金融活水,资溪县创新提出了景区收费权、林权补偿收益权等质押贷款,成立"两山"银行,通过股权合作、碳汇交易、特许经营等方式,促进资源整合到资本运营再到产业培育和发展。

（3）资溪县通过发挥国有企业的示范带头作用，完成森林等生态资源收储工作，引导社会资本推动绿色产业发展。

三、成效启示

资溪县树立"生态立县"的信念，坚持绿色发展，持之以恒，不拘泥眼前的损失，在自身财政压力巨大、经济欠发达的客观现实下，没有盲目地追求短期的 GDP，而是以"壮士断腕"的决心转变经济发展方式，着眼于长期的发展。这一做法值得其他欠发达地区反思和学习，要提高领导干部的生态意识，坚决抵制 GDP 高增长的诱惑，进行产业转型。

（二）生态文明考核不断创新

江西省生态文明考核评价突出"一个导向"（绿色政绩观），强化"一个责任"（党政主体责任），建立"一套标准"（多元化的考核评价体系），推动事前、事中、事后全过程管理。事前实行环保"一岗双责"，在市县综合考核评价指标体系中将生态文明列为一级指标并提高权重，增加了工业污水处理、农村垃圾处理、水资源利用总体控制、土地使用数量以及循环经济等五个指标。江西省通过以上考核评价与责任追究制度的改革创新，避免了"生态保护好，政绩考核差"的现象，扭转了"宁要经济分，不要生态分"的观念，各地对生态文明创建工作实现了从躲避到积极争取的根本转变，营造了生态文明建设的良好环境。

（三）生态环境损害赔偿制度化

近年来，江西省积极落实生态环境损害赔偿制度，坚持高位推动各部门协调办案，2018 年在全国率先出台 1 个实施方案①、4 个办法②、1 个若干意见③，形成了"1 + 4 + 1"的制度体系。截至 2021 年 12 月江

---

① 1 个实施方案是指《江西省生态环境损害赔偿制度改革实施方案》。
② 4 个办法是指《江西省生态环境损害调查办法（试行）》《江西省生态环境损害赔偿磋商办法（试行）》《江西省生态环境损害修复监督管理办法（试行）》《江西省生态环境损害赔偿资金管理暂行办法》。
③ 1 个若干意见是指《关于办理生态环境损害赔偿诉讼案件的若干意见（试行）》。

西省共办理近 500 件相关案例,赔偿金额合计约 1.5 亿元,并于 2021 年 6 月出台了《生态环境损害赔偿磋商十大典型案例》,其中有两起案例赔偿金额超多 2 000 万元。《生态环境损害赔偿磋商十大典型案例》涉及水、大气、土壤、生物多样化等不同方面,引导省内单位和个人树立"环境有价、损害担责"的生态理念,提供了生态环境赔偿的实践经验。

另外,江西省建立高规格督察体系,对省内 11 个设区市均派驻监察人员,并成立了生态环境损害司法鉴定评估中心,为赔偿工作提供技术支持;公布多渠道环保举报平台,理顺了生态环境信访机制,扎实推进督查"回头看"。

案例 3-22

生态环境污染典型案例

一、案情简介

2020 年,俞某杰、何某标等人在未办理任何生产经营、环保报备等程序的情况下,在戈阳县圭峰镇非法经营了三处海绵铜加工黑作坊。他们从外地非法购买了 3 773.22 吨含铜废液,并自行加工产出 300 余吨海绵铜,然后销售给广丰县和玉山县的两家公司,取得非法收益数额巨大。被告人何某某、徐某银、徐某贵、肖某钟、尚某山、方某卫等人在明知道俞某杰、何某标无经营许可和处置危险废物资质的前提下,仍然帮助其运输危险废物或直接参与黑作坊经营。该黑作坊将生产过程中的废水通过水沟排放到信江河内,严重污染了生态环境。

二、判决结果

江西省戈阳县人民法院认为,俞某杰、何某标等 8 名被告人严重违反国家环保规定,非法处置危险废物达 3 773.22 吨,经评估鉴定数额巨大、后果严重,其环境破坏行为均已经构成污染环境罪。其中,俞某杰、何某标系主犯,其余 6 人系从犯。根据法律规定和具体犯罪情节,以污染环境罪,判决被告人俞某杰有期徒刑四年、何某标有期徒刑三年零六个月；判决被告人徐某银等6人有期徒刑二年零六个月至一年零二个月不等，合计赔偿金达 2 239 万元。一审宣判后被告人提出上诉，上饶市中级人民法院驳回上诉维持原判。

三、成效启示

良好的生态环境是社会公共民生福祉，只有保护好生态环境才能推动可持续发展。本案是"十三五"期间江西省涉及污染赔偿金额2 000 万元以上的两个案例之一，具有较强的代表性。本案系非法排放和处置危险废物引起环境污染，破案的关键在于：一是环保部门与法院、公安及检察院等部门需紧密协作，对污染源进行检测，保存证据，多部门建立生态环境污染的联动机制；二是构建生态环境损害赔偿制度体系，细化赔偿金额评价鉴定、磋商、诉讼及监督等环节。

第三节　生态文明建设中面临的客观困难

过去和未来的一段时间里，江西省经济的快速发展还是离不开能源的消耗。生态文明发展中，高碳化能源结构的调整是主要的挑战。江西省经济总量偏小，经济发展相对较慢，在能源结构转型方面的压力较大，主要体现在以下方面。

一、"双碳"目标实现压力较大

"双碳"目标的压力首先体现在外部环境。西方国家在 20 世纪90 年代左右已实现碳达峰，他们平均有 60 年左右的时间来谋划碳中和，而我国只有 10 年的时间来实现碳达峰，30 年的时间来达到碳中和，时间非常紧迫。国内各省市已相继出台"双碳"实施方案，上海市宣布2020 年实现碳达峰，江苏省、浙江省、广东省及海南省等地也争取率先试点碳达峰。江西省作为国家生态文明试验区，要争取走在前列，"十四五"期间是碳达峰的窗口期,只有先争取尽早实现碳达峰,才能在碳中和的目标上走在全国的前面。

江西省"双碳"目标的优势在于:一是经济相对欠发达,碳的排放总量也不大。二是生态底子好,森林覆盖率超过 63%,面积达 1.53 亿亩,排名全国第二,林业、湿地等资源比较丰富。据估算,截至 2020 年年底,江西省森林植被碳储量为 3.36 亿吨,年净吸收碳量为 1 000 余万吨,相当于吸收 3 713.80 万吨 CO_2。但是劣势更加明显:一是江西省林业碳汇总量不高,森林面积增长的空间不大,新能源的发展难度比较大以及"十四五"前期碳排放增长趋势较快等。二是发达国家一般在人均 GDP 2 万美元时实现碳达峰,而 2020 年江西省人均 GDP 还不到 0.8 万美元。三是江西省按照 2019 年的数据,CO_2 排放量超过 2 亿吨,但林业等净吸收 CO_2 预计不到 20%,未来碳排放的压力比较大。

二、能源发展结构尚未发生改变

江西省的能源发展呈现"一小二低"格局,即能源消费的总量偏小,人均能耗和能耗的强度偏低。江西省能源消费的总量和全社会用电量均排在全国中下游,而且人均能耗全国倒数第一位,单位 GDP 能耗处于全国中上游[①]。江西省经济发展对能源消费的依赖性还比较高,按照预测,为了确保"十四五"期间 7% 左右的 GDP 增速,仍需要 3% 左右的能耗,与国家要求的能耗增速 1.8% 相差较大,未来能耗压力还非常大。

与此同时,江西省虽然煤炭消耗量已经有了明显的改善,但是以煤为主、非化石能源消费占比低的能源结构尚未改变。国家"十四五"规划要求,非化石能源消费的占比要提高到 20% 左右,但是江西省煤炭、石油等化石能源消费占比高达 86% 左右,高于全国的平均水平,能源结构压力较大。"十三五"期间,江西省的能源消费中,电力消费的需求仍

---

① 江西省统计局网站 http://tjj.jiangxi.gov.cn/art/2021/7/21/art_59220_3488389.html。

呈现上升趋势,火力发电量增加了50.3%,以火电为主的用电机构必然导致煤炭能耗降低的压力偏大,不利于"双碳"目标的实现。

三、空间有限、产业结构不合理

江西省在全国碳排放和能耗"双控"①布局中指标优化空间有限。国家对江西省"十四五"能耗增量指标总体与"十三五"持平,这加大了江西省对化石能源等优势传统产业本地化配套和产业链延长的难度,也更难吸引到市场前景好但能耗较高的项目,经济上行的压力较大。虽然"十三五"期间江西省的单位GDP能耗下降很快,降幅为20.3%,但是消耗量相对国内发达地区仍有较大的差距。随着能耗值的逐渐降低,能耗压缩的空间更小,产业结构调整的压力也更大。

"十三五"期间,江西省高能耗产业的比重反而在增加,其中规模以上六大高能耗工业②占规模以上能耗的比重达到86.9%,比2015年提高1.4%,其中,2020年电力及热力行业能耗比2015年提高了8.3%,产业能耗结构没有明显改变。另外,水资源开发量已超过当前技术开发量的80%,风能和太阳能的发展空间也同样有限,而且用地面积较大地限制了新能源的发展,核电建设受阻等原因都导致能耗结构短期内难以改变,间接导致煤炭能耗的下降空间也相对有限。

四、生态资源价值转化机制仍需完善

(一)生态产品供给能力局部不足

江西省生态文明取得了较大进步,生态产品供给能力不断提升。例如,抚州市作为全国第二个生态产品价值实现机制试点城市,其生态供给能力得到极大地提升。但是在其他部分地区,仍存在水土流失、生态

---

① "双控"即控制能耗总量和能耗强度。
② 六大高能耗工业为钢铁、有色金属、建材、石油加工、化工、电力。

环境污染、生物多样性不足等问题,比如 2020 年赣州市的水土流失面积仍有 63.33 万公顷。党的十八大以来,我国人均生态承载力得到有效改善,但是森林、水域及草地的生态承载力仍在下降,建筑、工业及耕地用地面积迅速增加。上述生态环境问题导致生态供给能力严重不足,急需生态文明建设的可持续推进,提升区域生态功能,提高生态产品供应能力。

(二)生态产品价值实现途径有待探索

生态产品价值的实现主要从政府和市场两个角度来理解。一是在生态补偿中的财政补贴、减税降费、转移支付等手段的落实方面,基本都是政府在唱"独角戏",基本没有市场的参与。二是在绿色生态产品的生产和交易方面,市场的模式相对单一,大多采取公司、农户、合作社及基地等不同的模式组合,政府的作用有限,生态供给的范围受到限制。三是大多数生态项目存在形式大于实质的问题,比如日益兴起的康养文化,大多最后完全成为旅游产业,而缺少对康养生态产品、生态文化等方面的关注。

(三)生态产品价值实现机制有待完善

机制创新是推动生态文明建设的必要要求,但是由于生态产品自身的一些特点也提高了其价值转化的难度。

1. 生态产品的产权难以界定

大多数生态产品都带有公共属性,比如河流、湿地及森林等,其公共属性增加了产权界定的难度,导致生态收益和成本的主体难以界定,影响其生态产品的价值转化。

2. 生态价值各类数据难以掌握

各种统计报表数据不一致或不规范主要体现在:一是碳排放数据结果备受质疑,省内部分企业忽视环境成本,再加上专业碳排放检校机构较少,导致碳排放核算形同虚设;二是退耕还林、土壤治理修复等生态保护支出的收益难以测算,也导致生态补偿缺少价值依据;三是生态价值除了包含生态产品的交易体系、补偿标准、污染责任保险等方面的内容外,还应该包括环境治理的直接支出以及因为保护"绿水青山"而造成财政收入减少的机会成本等。

3. 法律制度规范尚未完善

缺乏生态环境和自然资源保护方面可操作性强的程序法,难以通过严格的法律制度保障生态产品价值实现。比如排污权交易,对不主动申报排污量、不愿承担社会责任的企业缺乏必要的强制措施。

4. 生态产品监督管理和品牌保障尚未构建

现行的生态产品监管法律可操作性较弱,而且由于劣币驱逐良币、价格偏高、社会信用等问题的存在,也导致生态产品的价值与其价格在市场上很难匹配,无法实现其价值。

第四章 财税改革视角下生态文明建设发展历程

第一节 1978 年以前生态环境保护下的财税政策

中华人民共和国成立以来,党中央在注重经济发展的同时也深刻把握人与自然和谐发展,在不同时期作出相应的判断,始终将环境保护贯穿于社会发展的全过程。本章以改革开放、分税制改革、党的十八大为时间节点,把财税改革与生态文明建设发展历程分为萌芽、探索、发展及成熟四个阶段(图 4-1)。

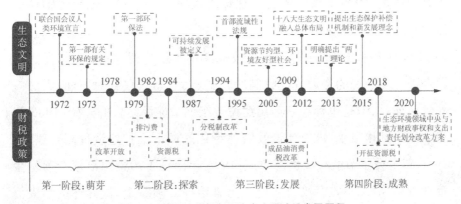

图 4-1 财税改革视角下生态文明建设发展历程

中华人民共和国成立初期,我国工业化水平较低,农业肥料也以人畜粪便为主,污染废弃物较少,人们的环保意识比较弱,财政资金对环保的投入也非常少。之后由于发展模式的偏差,我国"三废"迅速产生,生态环境逐渐遭到破坏,出现了"大连湾污染""蓟运河污染"等事件。随着1972年联合国首次人类环境会议的召开,我国开始意识到环境问题,相关法律制度逐步形成。例如,1973年国务院发布的第一部环境保护法规,即《关于保护和改善环境的若干规定(试行草案)》。但是该阶段的税制是高度集中计划经济体制下的税制,只有关税、工商税等少量税种,税收还不是国民收入分配和宏观经济调控的主要手段,更谈不上对生态文明的贡献,税收收入占财政收入的比重也不足50%。

第二节　1978—1993 年生态文明建设思想与税制改革相伴而生

1978年,党的十一届三中全会以后,党的工作重心由以阶级斗争为纲转变为以经济建设为中心,把经济发展作为当时最主要的任务。随着经济的快速发展,我国第二产业的比重大幅提高,污染问题日益凸显。

我国1978年首次将环境保护写入宪法,随后国家出台了环境保护的系列政策;1979年颁布了第一部环境法律,即《中华人民共和国环境保护法(试行)》;1982年正式建立了抑制环境污染的排污费征收制度,并于1991年和1993年对污水排放标准作了新的调整;1984年促进资源合理开发利用的资源税征收制度正式建立,虽然只针对石油、天然气和煤炭征收,但是也标志着运用财税政策调节能源结构的开始;1985年用于城市环境卫生、城市建设及园林绿化的城市维护建设税制度建立;1986年出台了节能税收优惠政策;1988年出台了污染源治理专项基金管理办法,要求重点污染企业设立污染治理专项基金,做好环境污染治理工作;1987年可持续发展战略被定义和引入国内;1989年发布了三大政策①和八项管理制度②。

这个时期,我国经济成分发生了较大变化,出现了外商投资、个人经营等经济形式,税制改革为了适应新的形势也发生变化,主要体现:一是构建区别于国内外企业的涉外税收体制,即中外合资和外国企业所得税;二是结合国外税制的经验,分解工商税和新增或恢复其他税种,出现了增值税、营业税、资源税、盐税等;三是个人所得税法从针对国内外个人到涵盖个体工商户等;四是针对改革开放制定了新的进出口税制,进出口的关税、增值税的征收退税等方面都作了较大的调整;五是为了调整能源结构和推动资源节约利用,出现了资源有偿使用的矿区使用费和环境保护税前身的排污费,开征了烧油特别税、资源税、城市维护建设税、耕地占用税、城镇土地使用税以及引导消费的筵席税、特种消费税等。税制改革推动生态文明建设的作用逐渐地体现出来。

江西省 1982 年提出了充分利用农业发展的优势,画好"山水画"和写好"田园诗";1983 年又针对鄱阳湖和赣江的区域优势提出了"山江湖工程",开始把山、江和湖泊作为一个整体来进行生态修复和治理;针对80 年代初大量森林资源被过度开采,森林覆盖率达到历史最低 35.1% 的严峻情况,又提出了"在山上再造一个江西",随后又相继提出了"在山上办绿色银行""森林质量提升工程"等一系列植树造林工程,以提高森林覆盖率,充分发挥森林资源的生态和经济效益。

第三节　1994—2012 年生态文明建设思想与财税改革快速发展

改革开放以来,财税政策虽然有了很大的调整,但是大多是修修补

---

① 三大政策是指预防为主、防治结合,谁污染谁治理,强化环境管理。
② 八项管理制度是指限期治理、污染集中控制、"三同时"、环境影响评价、排污收费、城市环境综合整治定量考核、环境目标责任、排污申报登记和排污许可证。

补,不但导致税制结构越来越复杂,而且对环境污染现象的约束效果不太明显,人与自然的矛盾越来越严重,环境质量总体仍趋于下降。另外,该时期的中央与地方的财政矛盾也逐渐加大,税制进一步改革迫在眉睫。1994年以后,我国大力发展工业产业,城镇进程明显加快,重经济轻生态的发展模式导致污染日趋严重,国家加快了对重点流域的治理,比如"九五"期间实施的"33211"工程[①],效果明显。国家提出了科学发展观、加快建设资源节约型和环境友好型社会等新战略,并强调通过法律、经济、技术等形成"组合拳"来保护生态环境。

1994年我国实施分税制改革,即通过划分税种和税权,来确定政府各层级的征税范围与管理权限,规范中央政府和地方政府之间的财政关系,中央政府有了更多的财权和决策权,更有力地推动生态文明相关政策的制定和落实。例如,正式开始征收消费税,并把资源税划分为地方财政收入。1994年我国确定了可持续发展总体战略。1995年国务院颁布了首部流域性法规,即《淮河流域水污染防治暂行条例》,开始强化对重点生态功能区和生态流域的治理,同时,从免征增值税的角度来引导企业综合利用废弃物,并于1996年补充了资源综合利用目录及实施意见。随着城镇化进程的加快,1996年国务院明确出台政策引导银行、财政等部门,通过国债、项目融资等形式加大对环境保护基础设施的投入力度,并于1998年以后明确了国债作为积极财政政策对环境的支持作用。据统计,1998—2000年,我国发行460亿元国债用于城市环境基础设施建设。1998年我国扩大了排污费的范围,划分了酸雨和SO_2控制区,开启了城市环境治理。2003年,我国又进一步修改了排污费管理条例,明确了排污费专款专用,即只能用于生态环境污染保护专项资金,细化了资金应用范围。

---

① "33211"即"三河"(淮河、辽河、海河)、"三湖"(太湖、滇池、巢湖)、"两控区"(二氧化硫控制区和酸雨控制区)、"一市"(北京市)、"一海"(渤海)。

2005 年我国提出了构建资源节约型、环境友好型社会,出台了生态补偿机制,并引导中央和地方可以分别进行生态补偿试点。2006 年财政部等公布了环境标志产品采购意见及清单,标志着国家正式从采购范围、程序及管理方式的角度来启动"绿色"采购,并且针对绿色节能产品逐渐予以政府强制购买。2007 年我国提出了"生态文明"概念,出台了《关于开展生态补偿试点工作的指导意见》,提出要建立重点领域补偿试点;同年设立专项财政支出类级科目"211 环境保护",更便于管理。我国还探索了针对国家重点生态功能区的生态补偿,给予功能区所在县区财政转移,针对重点生态功能区的转移资金从 2008 年的 60 亿元到 2020 年的 882 亿元,平均每年增长 20% 以上。2008 年我国修订了《水污染防治法》,首次提出通过财政资金来支持水生态环境保护补偿机制。2009 年我国对成品油消费税进行改革,通过提高税额来保护生态环境。2011 年我国开始探索通过市场化的手段来进行生态补偿,并研究建立国家生态补偿专项资金;资源税正式从价计征替代从量计征并在全国展开,并进一步规范征收管理。2012 年新疆、黑龙江等地开始提升二氧化硫、化学等排污费的标准。

总的来说,分税制改革以来,财税改革逻辑主线始终是构建适应社会主义市场经济的税收制度,支撑社会主义市场经济的快速发展并为经济建设这个中心服务。税收功能经过了分税制改革的优化后不再只是被动适应市场化改革的要求,而是为国家的长治久安与可持续发展提供财力支撑,为改革、发展和稳定这三个目标的耦合平衡提供基础性的制度保障。为了解决经济高速发展带来的环境污染与资源耗竭问题,税制改革的目标也从分税制前的促进经济发展以应对财力困境转向了优化税制结构,更加注重节约资源、生态保护等社会目标。为了实现和巩固保护环境基本国策向可持续发展的战略升级,税制改革开始向生态文明领域倾斜,主要体现在节约资源及调整消费结构上。其主要表现如下:一是把一次性筷子、成品油、鞭炮等环境污染类产品和白酒、高档化妆品等高消费类产品纳入征收范围;二是进一步对资源税进行改革,采用普遍征收、从量定额的办法,通过资源禀赋进行级差调节,促进资源更加合理地使用;三是开征了车辆购置税,该税种也具有生态的调节作用。

江西省1999年提出"生态立省"战略,从短、中、长三个时期颁布《江西省生态环境建设规划》;2003年明确"三个不准搞"①项目规定;2005提出"五化三江西"②建设任务;2006年进一步完善了"生态立省、绿色发展"战略;2009《鄱阳湖生态经济区规划》被国务院正式批复,上升为国家战略。

第四节　2013年至今生态文明建设体系逐渐形成

党的十八大报告把生态文明建设融入"五位一体"总体布局。2013年习近平总书记在纳扎尔巴耶夫大学演讲时明确了"两山"理论的定义。2015年我国提出新发展理念,印发推进生态文明建设的意见和总体方案。2018年我国把"生态文明"和"美丽中国"写入宪法,随着与生态环境相关的督察、监测网络、损害赔偿等相关政策不断发布,生态文明建设的"四梁八柱"体系基本形成。

（一）生态税制改革逐渐完善

与整个生态文明发展同步,税制改革也进入"深水区",国家出台多项资源节约和环境保护的绿色税改政策。2013年十八届三中全会指出,财政是国家治理的基础和重要支柱,明确提出要深化财税制度改革

---

① "三个不准搞"即严重污染环境的项目坚决不准搞,严重危害人民生命健康和职工安全的项目坚决不准搞,"黄、赌、毒"的项目坚决不准搞。
② "五化三江西"即大力推进"五化"（农业农村现代化、新型工业化、新型城镇化、经济国际化和市场化）、建设"三个江西"（创新创业江西、绿色生态江西、和谐平安江西）。

"加快建立生态文明制度",而科学的财税体制可以在生态文明建设、环境保护等方面发挥牵引作用。2014 年我国发布《深化财税体制改革总体方案》,主要表现在以下方面。

第一,全面推行资源税改革。这一阶段,资源税历经了扩大征税范围、实行从价计征和水资源税试点等一系列改革,理顺了资源税制体系,构建税收对生态环境和资源的自动调节机制。2016 年水资源税采用费改税方式进行改革试点,2017 年扩大到 10 个省(市)。2020 年《资源税法》开始施行,采用从价计征方式征收。

第二,开征环境保护税。我国 2016 年修改通过环境保护法,实现了排污费改税,2018 年正式开始对水、大气、固体及噪声四类污染物进行征税。环境保护税对于完善"绿色税收"体系、推动生态文明建设具有积极意义。

第三,继续调整消费税。我国持续从征税范围、税率、征税环境等方面对消费税进行新调整,比如 2015 年开始对高于含量标准的涂料征税,2016 年对铅蓄电池征税,而对锂原电池、太阳能电池等新能源产品免税。

此外,2012 年开始的"营改增"及企业所得税调整等也使其他税制从单纯的经济领域延伸至资源、生态以及社会民生等领域。例如:2019 年第三方污染防治企业可以减按 15% 税率缴纳企业所得税,从事磷石膏、废玻璃等资源综合利用生产产品可以享受增值税优惠政策等。我国还对增值税进一步提升了绿色属性;对耕地占用税、车辆购置税立法。截至目前,我国已经形成以环境保护税为主,资源税和耕地占用税为重点,其他税种为辅的生态税制体系。

(二)生态财政资金管理逐渐规范

2014 年以来,各级政府出台 PPP 模式相关文件,探索通过政府财政引导与社会资本合作共建环境投融资市场。财政部 2016 年明确了开展垃圾和污水处理 PPP 试点工作,2017 年明确规定新建垃圾和污水处理项目要全面实行 PPP 模式,积极鼓励社会资本进入污染处理相关行业。2020 我国出台了《土壤污染防治基金管理办法》,鼓励建立和规范省级土壤污染资金基金管理;同年,国家设立绿色发展基金,在中央财政资金的基础上,引导市场化资金筹集。截至 2020 年底,我国市场化的多元生态保护补偿机制逐渐形成。

"十三五"时期,中央财政累计安排大气污染防治资金 974 亿元、水污染防治资金 783 亿元、土壤污染防治专项资金 285 亿元、农村环境整治专项资金 258 亿元以及林业草原转移支付资金 4 586 亿元,基本建立了大气、水、农村、土壤等全方位的环境保护专项资金体系。2020 年国家从财政分权的角度出台了改革方案,提出要建立权重明细、区域平衡的中央与地方财政权重关系。

我国绿色采购政策不断调整,仅 2016—2018 年,采购清单就针对节能和环境标志产品进行了 10 多次调整;2019 年采购绿色产品改为品目清单管理,扩大节能环保产品认证机构范围和采购需求范围,政府绿色采购规模占比达到 90% 以上。2017 年以来,国家实施"双替代"①补贴:2017—2020 年,中央财政支出 493 亿元支持北方冬季取暖试点;2018—2019 年安排中央财政资金 80 亿元推进畜禽粪污资源化利用;2019 年安排中央财政资金 19.5 亿元支持各地实施农作物秸秆综合利用试点等。

2013 年江西省提出"绿色崛起"战略。2016 年江西省被纳入国家首批生态文明试验区,并提出走具有江西特色的绿色发展新路,打造美丽中国"江西样板"。2018 年江西省提出 24 字工作方针②,明确完善多元化横向生态补偿机制,并按照环境保护税属地征管的要求,制定了省级与市县 1∶4 分享的原则。2019 年江西省政府工作报告明确提出,着

---

① "双替代"是指电能、天然气代替传统的燃煤、烧炭、烧柴进行做饭和取暖。
② 24 字工作方针是"创新引领、改革攻坚、开放提升、绿色崛起、担当实干、兴赣富民"。

力打通绿水青山与金山银山双向转换通道，以更高标准打造美丽中国"江西样板"。2021 年江西省率先颁布《关于建立健全生态产品价值实现机制的实施方案》。

第五章 生态文明建设的财税政策困境

第一节　绿色财政体制问题分析

长久以来,我国一直高度重视环境保护工作,为促进生态环境保护工作的开展,在财政税收政策改革方面作出了多元化的探索,极大地促进了环境保护工作的深化开展。但是,随着时代的发展和进步,部分财政税收政策与生态环境保护工作的需求开始表现出一定程度的不协调。

2019年以来,受到疫情的影响,经济下行叠加减税降费,江西省财政收支矛盾逐渐凸显,财政政策在某些领域的刺激作用明显转弱。而财政政策作为生态文明发展的重要支撑,又有着举足轻重的作用,江西省生态文明建设视角下的财政压力主要体现在以下几个方面:

一、地方政府财政"绿色悖论"

"绿色悖论"现象是指在环境约束背景下,地方政府需要通过暂缓经济增长速度来改善和修复生态环境,为了实现生态福利最大化,节能减排的资金逐渐递增,但是地方工业污染程度未有明显改善或甚至"未减反增"。这一悖论主要体现为,一些地方政府官员为了追求GDP快速增长或职务晋升,更有意愿把资金投入"短平快"的高效项目,在提高居民收入的同时也带来严重的环境问题;而居民有了更好的物质条件后,对环境的要求逐渐提高,更有意愿来监督政府改善环境的行为,促使地方政府采取更多优化环境的措施。另外,政策的出台与执行存在不一致,短时间内难以改变传统"唯 GDP""逐底竞争"等现实情况,同时地方政府也面临减税降费、区域竞争的压力,导致地方债务逐年增加(图 5-1)。

(单位:亿元)

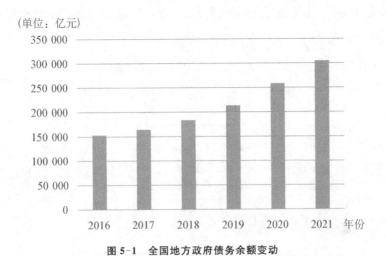

图 5-1 全国地方政府债务余额变动

截至 2021 年 12 月底,全国地方政府债务余额已经突破 30 万亿元,与 2016 年相比翻了一倍,2018 年以来债务年均增长率超过 10%。虽然债务余额控制在全国人大批准的 33.28 万亿元以内,2020 年地方政府债务率(债务余额/综合财力)为 93.6%,仍低于国际通行标准,但是债务的增加也不断加大地方政府偿还本金和利息的压力。2021 年我国地方政府偿还本金超过 2.6 万亿元,偿还利息接近 1 万亿元。地方政府面临着较大的债务风险,要防止系统性风险的发生,合理确定债务规模,响应中央限额制度,防范发债期限逐渐拉长的错配风险,逐渐降低发行利率。地方政府可以通过发行再融资债权来"借新还旧"缓解偿债压力,保持适当的赤字比例,促进经济健康发展。

　　我国区域之间经济与生态不平衡的矛盾较大,很多地方的生态发展差异化严重,低效的情况仍然存在。尤其是分税制改革以来,"财权向上,事权向下"、考核体系僵化等都导致地方政府偏好投资"短平快"的工业投资项目,而非环境、教育等短期投资回报率较低的项目,而且环保部门受地方政府管理,也间接导致"重经济、轻环境"的局面。地方政府很难对生态环境保护投入大量的财政资金,需要中央财政转移支付来"查缺补漏",部分地区对中央财政的依存度较高。另外,生态环境在区域竞争的压力下,也存在经济较发达地区"主动"对"三高"产能进行向外转移的现象,最终导致"绿色悖论"的产生(图 5-2)。

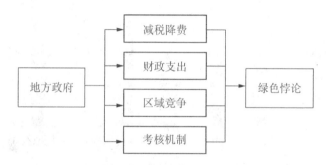

图 5-2　地方政府"绿色悖论"形成机制分析

二、政府与市场的环保责任不平衡

　　生态环境的保护与修复主要涉及两个方面,一方面是像退耕还林、退耕还草等类似的生态系统修复问题;另一方面是大气污染、水污染、土壤污染等生态要素治理或补偿问题。生态系统修复需要政府介入,通过财政购买来实现其目标;而对于生态要素治理或补偿问题则要发挥社会、市场机制,而政府主要以监控管理为主。但是目前从全国来看,政府既是生态文明规则的"制定者"又是生态文明建设的"买单人",市场的作用机制较少。政府的生态环保责任较重,生态文明建设资金主要是财政资金,社会资金、产业扶持等市场化手段较少。江西省经济发展相对落后,财政收入低于周边省份,但是江西省作为国家生态文明示范区,又面临生态保护、污染防治等环境保护的支出压力,因此财政赤字缺口将会增大。"十三五"期间,江西省的财政收入增速在逐渐放缓,尤其是受疫情影响的两年,而一般公共预算支出的增速较快,财政资金压力比较大(图5-3)。

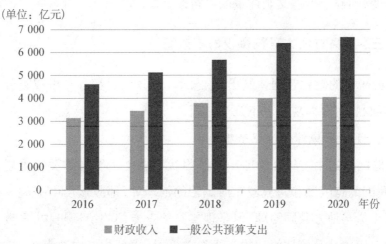

图 5-3 "十三五"期间江西省财政收入与一般公共预算支出

"十三五"期间,江西省环保投入也逐年增长(图5-4),由2016年的117.2亿元增长到2020年的218亿元,占一般预算支出的比重由

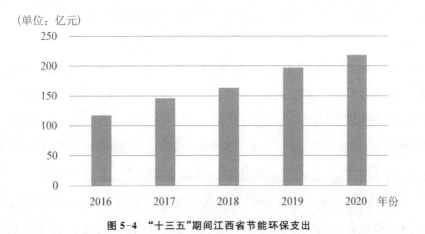

图 5-4 "十三五"期间江西省节能环保支出

2.54%提升到3.27%。虽然比例有了提升,但是相对发达的国家或地区,财政投入的资金依旧偏少,生态环保的专项资金不足,财政投入的作用受到一定的限制。而且,当前的生态保护主要以政府的行政推动为主,通过"自上而下"的行政指令和任务指标来进行生态环境修复和治理。这种完全政府推动的方式,常常会因为政策推动者的变动而发生改变,不利于生态文明建设的可持续发展。

三、中央与地方财权事权的不匹配

分税制的财税管理体制下,生态环境治理的过程存在事权划分不清晰的问题,主要体现在以下几个方面:

(一)跨区域综合治理很难协调

跨区域的生态综合治理一直是困扰生态文明发展的关键难题。例如,我国的跨区域和跨流域江河湖泊的治理等,都应该由中央统一协调或者中央与地方共同治理,但是现实是缺乏专门的协调机构,导致很难落实。比如涉及流域治理的上下游关系时,责任界定很难落实,需要更高一级的政府来协调和认定,并制定标准化的生态责任相关协议。

(二)中央与地方财权事权不协调

地方政府对本地环保信息掌握更明确,应该成为生态环境保护的主体,生态补偿的责任主体也在地方。但是,当前存在"九龙治水"或者中央政府"雷声大",部分地方政府"雨点小"等现象,而且对具体污染的对象和监管的责任人细化不够,导致地方政府的生态效率偏低。当前分税制也导致财权主要面向中央,地方政府的财权与事权不匹配,明显存在财权低于事权的情况。地方政府为了提高财政收入,可能会纵容污染行为,而且地方官员的生态绩效考核仍不完善,地方政府生态环境保护的能动性不足,生态文明建设难以落实。

地方政府的支出也存在城乡投入严重不平衡的问题,主要体现在绿色公共设施和生态恢复建设等方面,例如乡村的污水、垃圾处理点非常少,需要加大相关投入,推动城乡公共服务均等化。

四、财政资金利用效率有待提高

"十三五"期间,江西省针对环境支出的力度在不断提升,资金的绝对支出额在不断增加,并且采用了转移支付、节能资金、专项资金等多种形式来推动生态建设的发展。

(一)经济与生态不平衡

江西省由于各县市经济发展不平衡,部分地区财政收支缺口较大,经济基础设施较差,其经济与保生态矛盾较突出。整体来看,财政资金的利用效率偏低。例如,环保项目的周期较长、成本较大,"重立项、轻运行""重投资、轻效益"等现象导致财政资金有时很难发挥应有的作用。

(二)财政资金绩效体系不完善

目前,生态财政支出仍大多分散在各级政府的一般公共预算或政府性基金上,具体体现为:一般公共预算中的环保、自然资源事务、科学技术及农林水等支出,政府性基金中的节能环保、污水处理、土地开发等支出,未形成单独的预算体系。

国家在 2018 年出台了针对财政资金绩效评价的实施意见,提出了预算绩效管理包括社会、经济、生态等效益,以及服务对象满意度、可持续性等指标,但是具体指标的核算方式并未罗列。各级地方政府对很多产出指标难以量化,导致财政资金效率低下。另外,过高的财政分权会降低财政资金的利用效率,过多的转移支付也会降低资金使用效率,引起"粘蝇纸效应"。

五、生态补偿资金方案待完善

"十三五"期间,江西省作为生态文明试验区之一,生态补偿取得较大进步,出台了相关的制度文件,纵向流域补偿机制的统筹资金达到

141.49 亿元,覆盖所有的县区。但是涉及重点生态功能区的补偿资金,需要进一步细化和完善,局部地区仍存在"重经济、轻生态"的现象。而且,随着沿海产业转型的需求,环境污染趋势有向中西部地区转移的迹象。目前,生态保护相关的权责关系界定还不是很清晰,尤其跨区域的流域治理方面,补偿标准、金额以及方式等经常存在区域差异,部分地区还在追究历史责任,导致生态补偿更加复杂。

当前,大多数的生态补偿聚焦于生态服务功能来,而缺少对破坏环境的赔偿性补偿,简单来说就是"重奖轻罚"。生态补偿的"输血"功能得到强化,而"造血"功能未得到发挥。地方上经常存在把生态补偿制度与产业转型、收入分配等制度统筹在一起,有时起到不好的效果。

六、绿色采购体系标准不统一

一是财政补贴标准存在不确定性,缺少系统性的指导,采购清单产品相对还较少。例如,对清洁能源的补贴政策,主要是为了支持清洁能源发展,但是随着对传统石化能源征收生态税,其对清洁能源电价的补贴,在一定程度上存在不利于倡导节约用电,且可能加重财政负担。

二是财政补贴产品未考虑产业链的生态环保。例如,我国对太阳能光伏产业的补贴,虽然促进清洁能源的使用,但是多晶硅作为光伏的主要材料,在生产中会产生污染类的气体,其副产品难以回收对环境有较大污染,甚至可能导致周围土地不合适耕种。目前,我国绿色产品主要强调无污染和健康的属性,而缺少对消费、生态占有、回收利用等方面的要求。

七、环境污染防治缺少系统化

(一)财政资金与项目不协调

在生态资金的使用上存在钱与项目不协调的现象,即存在"钱等项目"的现象。例如,2016 年的中央水污染防治专项资金项目,截至当年年底尚有 42% 左右的项目还未开工,部分省份开工率低于 30%;2019 年的中央土壤污染防治专项资金预算执行率也很低,不足 10%。这主要是因为部分项目仓促立项,在实际执行过程中变数较大等。

(二)财政资金使用分散

很多地方政府没有按照中央的要求,认真落实规划当地生态项目工程,未能系统化安排资金,导致资金使用过于分散,存在"撒胡椒面"的现象,而重点生态项目的保障力度不够,很多重点项目后期资金未能得到保障,环评效果大打折扣。

(三)财政资金缺少监管

设立生态专项资金的目的就是保证资金的专款专用,发挥资金最大的生态环境保护效益。但是现实中个别地区存在监管"漏洞","重建轻管"问题较为普遍。例如,存在挪用资金发工资、搞接待、不合格采购、"以拨代支"赶进度等问题,导致很多生态设施建设不了了之。

第二节　生态税制体系问题分析

我国生态文明税收体系初步建立,还存在着诸多不足,需要不断地进行完善。生态文明税收体系并非某个税种或某几个税种的简单随机组合,而是由具有环境保护作用的多个税种有机合理组合而成的整体。目前税收政策调整还有空间。例如,部分地区环境保护税的征收标准较低,企业环境破坏成本远小于其治理成本;资源税征收范围较窄,未纳入森林、草场、海洋等其他资源。我国生态文明税收体系的不足之处主要体现在以下几个方面:

一、生态税收收入比重较低

当前,在《环境保护税法》通过之后,我国生态税主要以环境保护税为主。虽然资源税和耕地占用税的"生态"特征较为明显,但更多的是作为稽查调节手段，与纳税人所造成的环境影响关系不大。当前资源税税率偏低，且计税依据没有考虑开采后未销售或自用的部分，使其在抑制盲目过度开采方面起不到应有的作用。而车船税、消费税等只能作为生态税制的补充或辅助。且消费税主要以调节收入分配为主，涉及生态环境的相关征收对象，税率偏低，环保调节作用有限。

我国的生态税种相对单一，导致生态税收的占比偏低，所发挥的作用效果也较小。环境保护税税率的设计参照了其"前身"排污费的税负平移原则，兼顾了征税对象的负担，但从节能减排、治理污染角度看，低税率不仅无法对污染制造者产生强大约束力并进一步调节其经济行为，而且其税收收入完全无法弥补生态环境遭受到的损失。

二、生态税制设置不合理

在我国税收体系中，除环境保护税以外，大部分税种的设置都不是以保护环境、促进生态可持续发展作为目的的。税制设置的目的主要是筹集财政收入、调节收入分配以及坚持税收公平，而对生态环保的职能强调较少。虽然我国生态税制经历了多轮改革的不断"绿化"，但是增值税、消费税及企业所得税等较大的税种在保护环境、发展低碳经济等方面贡献较少，在促进生态文明建设上的调节力度仍十分有限。以消费税为例，涉及生态环境的鞭炮、实木地板、一次性筷子、电池等税目的收入比重非常低，而烟酒、小汽车、成品油等比重达到90%上。另外，当前我国生态税收收入未"专款专用"，生态环境投入远超过环保税款收入，部分地方政府也没有把环保税款应用到生态环境保护中去。

三、税收法定原则未充分体现

税收法定原则最早源于中世纪的英国，是指税收必须依据相应的法律作为前提，政府才有征税的权利，公民才有纳税的义务。"费改税"就是我国坚持税收法定原则的一项重要的举措,《环境保护税法》也是我国明确"税收法定原则"后的第一部生态税法。目前,我国虽然大多数税制已立法,但是几个大的税种仍没有立法。特别地,全国人大及其常委会就税收法律尚未明确事项授权国务院先行制定行政法规并执行,这将导致税收的立法层次下降。国务院制定的行政法规程序相对简单,需部委制定实施条例,这使得相关税收法规的制定、出台和修改具有一定的随意性。同时,税收法律规范少,多以其他规章、法规形式制定,比如资源税、消费税仍以暂行条例的形式存在,其权威性受到限制,弱化了生态税制的约束力。

四、资源税调节力度仍显不足

资源税作为生态税制体系的主要组成部分,对鼓励节约利用资源有着重要的作用。我国对资源税做过多次调整,从最早从量计征到如今从价计征,都是为了更好地促进资源的节约利用。但是在生态环境保护方面,资源税仍存在一些不足。

(一)征税范围不够宽

资源税征税范围主要包括矿产品、水资源和盐三大类,对于当前破坏或使用森林、草场、滩涂、湿地等生态资源尚未征税,在一定程度上减弱了资源税的调节作用。而且由于征收管理水平有限,水资源税的征税也未扩展到全国范围,未体现"普遍征收"的特征,不利于水资源的利用和保护。

(二)生态调控能力有限

税率设置对环境影响效果不明显。一方面,不同矿产的资源税税率差距较小,没有充分体现资源的稀缺、禀赋及外部性问题,导致矿产开采中出现了"嫌贫爱富"的现象,未起到"劫富济贫"的概念,调控能力有限。另一方面,虽然部分税目的税率差距比较大,例如,地热税率幅度很大,为 1%~20%或 1~30 元/立方米,但是由于具体税率的决定权下放,导致地方政府间出现恶性竞争的可能,削弱了资源税的生态功能。

（三）计税依据设置不合理

我国资源税主要以资源品的销售额或数量作为计税依据,没有将"应开采数量"考虑进去,导致开采过程中浪费部分的成本被忽略了,最终导致资源被过度地开采或者出现资源积压的现象。另外,矿产开采中的生态环境损失的外部性也没有考虑进去,导致该部分成本传递给了下游企业或外部环境。

简而言之,目前资源税既无法为生态环境的保护提供有力的资金支持,也不能制止企业对自然资源的过度开采和滥采行为,反而会使个体对生态环境保护的意识薄弱,对生态环境造成不可估量的损失。

五、消费税绿化程度不够全面

消费税是在 1994 年分税制改革后开始征收的。随着经济的不断发展,国家对消费税的税率和征收对象进行了几次调整,很大地提升了其生态环保功能。但是消费税的生态环保功能仍存在一些问题,主要体现在以下方面:

（一）征税范围不够宽

我国当前的消费税已经包含了 14 个税目,如各种具有高污染的电子产品,污染性强、不易降解的塑料制品。消费税收入分配调节的功能要强于生态环境保护的功能。随着产业结构的不断变化,新的污染源不断地出现,原有的征收范围不足以覆盖。例如,高耗能的私人飞机、高碳排放的煤炭、高污染的农药及塑料制品等都还未纳入消费税的征税范围。这使得消费税的环保功能有限,影响"双碳"目标的实现。

（二）税率设计不尽合理

税率和产品没有很好地协调,例如:针对成品油的税率比较单一,没有根据油的成分和用途区别对待或区别度不高;针对实木地板与木质一次性筷子只设置了 5% 的征收税率,对控制此类消费行为的效果是不明显的,环境保护功能有限;游艇等高能耗、高消费的产品,税率只有10%,相对于排气缸容量超过 4.0 升的小汽车 40%的税率,明显偏低,从生态环境保护和调节收入差距的角度都显得力度不足。

(三)征收环节不合理

一方面消费税主要在生产环节进行征收,生产者直接通过税负转嫁提高销售价格,转移给消费者;另一方面消费税是价内税,价税不分离,绝大多数消费者完全不了解自身所承担的税额,在购买时意识不到消费税的"痛点",对税负的敏感性不足,也导致了消费税的"绿化"功能减弱。而且国家还取消针对小排量摩托车和轮胎的征税,从环保的角度来看,很明显弊大于利。

六、环境保护税尚不完善

环境保护税是我国 2018 年正式执行的有关生态环境保护的主体税种,本质上是传统排污费"税负转移"而形成的,主要目的是通过税收的形式促使人们保护生态环境,相对排污费更规范化、程序化,并具有强制性。我国开征环境保护税较其他发达国家更晚一些,因此还存在不足的地方,有待逐步完善。由于目前世界各国对环境保护税税目和税率都是根据本国国情制定的,并没有统一的标准,我国也是在不断地尝试,目前还存在以下几个问题:

(一)征税范围设置过窄

环境保护税的征税范围目前主要有四类,涉及面比较窄。一是污染物方面,既没有把 CO_2、VOCs 等污染物纳入进来,也没有把农业生产相关污染和机动车、船舶等流动污染源排放的污染物纳入进来。当前,部分农业生产对土地的污染较为隐蔽,呈现污染周期很长且难以治理的特点,后期修复非常复杂。二是噪声污染方面,主要是指工业噪声,而对于建筑、高速、汽车以及航空等产生的噪声没有被纳入进来。三是环境保护税的征税对象是直接排放或产生污染的纳税人,不直接排放或产生污染的单位则无需履行环境纳税义务。另外,我国针对个人排放固体废弃物和生活污水的行为也未进行控制。

（二）税率设置明显偏低

税率应该是环境负外部性成本的反应,其最佳税率应该是社会的平均边际成本,但是由于外部损害成本的难以量化以及专家学者的"仁者见仁、智者见智",很难确定合适的税率或税额。但可以肯定的是,目前的税率或税额远低于实际的外部社会成本。我国环境保护税税率相对发达国家偏低。我国法律规定应税大气污染物每污染当量税额为1.2～12元,水污染物每污染当量税额为1.4～14元,各省可以根据自身情况规定具体的金额。江西省大气和水污染物每污染当量税额均使用了最低限额标准,分别为1.2元和1.4元。这样的税负低于纳税人造成的外部成本,而且没有考虑隐形的污染物排放成本,导致企业的遵从度偏低,甚至有些高污染企业为了追求高额利润,宁愿缴纳环境保护税。而且,由于环境保护税征税范围窄,税率偏低,调节能力弱,会使纳税人有较大的寻租空间,降低污染治理的效率。及时、充裕的财政投入是治理污染、保护环境的前提,如果政府为保护生态文明所耗费的财政支出远多于税收收入,最终就会限制环境保护税对生态文明建设的作用,也难以真正履行"污染者付费"的原则。

（三）环保信息难以共享

污染物的监管主体是环保部门,环境保护税的征收需要税务、环保等多部门相互协作,因此广义上环保部门也应作为征税主体,但是在实际执行中,存在分工不明确、工作交叉、相互干扰以及共享信息存在争议等问题,反而增加了征管成本。另外,环境保护税不同于其他税制,更需要纳税人高度自觉,因为有时要借助纳税人的污染物监测设备。环境保护税的前期宣传不够,也导致企业自主申报的随意性较大,税源难以有效监控,成本难以准确核算,既增加了企业负担,也增加了税务机关的压力。

（四）豁免或优惠政策待规范

一是部分豁免政策"一刀切"的问题。例如，对污水处理厂的免税政策，为部分纳税人逃税提供了机会。

二是针对大气污染和水污染的浓度值的税收优惠政策，设置的两档税收优惠，虽然在一定程度上可以引导企业绿色生产，但是设置得过于宽泛，导致企业难以操作，因此引导作用有限。另外，环境保护税只规定了大气和水污染的优惠政策，优惠幅度较小。

七、其他生态税制及优惠政策分析

税收优惠政策的目的是引导企业注重生态环境保护。我国通过对符合环保标准企业进行税收返还或免税等方式，一定程度上推动传统产业升级，加大节能减排力度。但是现实中由于优惠的手段、方式及范围比较笼统，优惠政策的调控作用仍不明显。

（一）生态优惠政策范围不全面

税收优惠政策存在"眉毛胡子一把抓"的现象，影响了生态保护效果。例如，增值税优惠政策中针对产品和劳务中间环节的先征后返政策，其本质是对优惠环节的财政补贴，不影响最终环节的税负，所以该政策没有多大的实际意义；环境保护税种没有针对使用环保设备、低碳科技创新等方面的优惠政策，没有突出对生态友好型产品或技术的支持，不利于引导企业加大低碳科技创新。反之，发达国家针对环境设备投入、低碳技术创新、垃圾回收循环利用等方面给予加速折旧、低税率等优惠政策。

（二）优惠力度把握不到位

优惠力度过轻难以达到生态环境保护的目的。例如，我国高新技术企业"门槛"越来越高，导致很多中小微企业无法享受优惠。目前我国还缺失针对重点流域、生态文明先行示范区、生态文明主体功能区的税收优惠配套政策。另外，优惠时间有限，一些税收优惠政策的时效性比较短,临时性特征明显,即使后续不断延期,较差的连贯性也不利于企业、消费者等主体作出长期环保型决策,甚至可能会产生负向激励。同时很多税收优惠政策的设计缺乏整体性,不利于区域协调发展。

（三）优惠政策形式较单一

针对高新技术企业、中小微企业以及文化产业的生态税收优惠政策还比较少,而且覆盖面较窄,缺乏系统性、针对性和灵活性。生态税收优惠政策主要集中于减免征收,形式单一。例如,增值税中对资源综合利用采用即征即退政策,企业所得税中有关环境保护方面的优惠主要是税收减免。生态税收优惠政策对低碳技术的支持有限,而国外的优惠政策则形式多样。

（四）其他生态属性税制分析

耕地占用税的目标是实现土地资源的合理利用,保护耕地。当前,我国耕地占用税实行地区差别幅度定额税率,征税税率为 $5 \sim 50$ 元/立方米。江西省按照"税制平移、适当调整"原则,因地制宜地设置了 27 元/立方米、25 元/立方米、22.5 元/立方米、20 元/立方米四档征税标准,针对人均耕地低于 0.5 亩地区进行加征。我国针对小规模纳税人、小型微利企业和个体工商户等实施耕地占用税减按 50% 征收。耕地作为我国最主要的土地资源,如果税负较低,就容易引起滥用耕地现象发生。另外,车船税与车辆购置税设置了统一标准税率,长期来看没有针对环保车辆制定优惠政策,只设置了对新能源汽车的短期免税政策;而且作为车船税计税依据的气缸容量不等同于污染排放量,也不利于节能环保事业的发展。

八、征管制度缺少规范性

（一）部门之间缺少协调

因为生态税收管理涉及的部门较广,所以我国尚未建立统一的征管制度,税收征管制度有待完善。这主要体现在环保、税务及市监等部门之间的信息流通度不够顺畅,配合协调性有待提高。环境保护税税源管理主要通过环境监测平台或设备来进行,这就需要环保部门的支持,但实际征管中经常存在排污变化沟通不及时的现象。环保部门传送的数据可能与税务部门稽查时取得的财会资料不一致,这就需要调动两个部门间配合的积极性,更高效地发挥职能作用。资源税的征收过程中,需要国土、林业等部门充分配合,以便税务部门详细了解江西省资源的分布情况和企业的资源耗减信息等。另外,我国生态税收征管制度不够完善,税收征管效率低下,导致无法保证税款及时足额入库。

(二)完善地方政府管理制度

生态税制涉及多税种,其跨度与范围较大,需要税务部门进行结构扁平化运行,降低管理层级,提升服务效率与质量,简化税收征管手续和流程。税务部门应针对污染物的监测建立多维度计算方式,确保计算的准确性,借助"互联网+税收",加强税收信息化管理水平,构建大数据信息档案库。同时,税务部门应推动办税服务现代化,借助新媒体手段搭建办税平台、压缩办税流程、减少征税环节、提升办税效率,节约纳税人时间成本,提升纳税人纳税主动性。税收工作中需要加强生态税制培训,提升生态观念,从而更好地贯彻生态税制的相关政策,提高纳税人的生态意识。

(三)增强税收征管部门公共服务意识

税收征管部门要正确认识与纳税人的关系,提升公共服务意识。生态税制及其优惠项目的计算比较复杂,而且会经常变动,导致纳税人对相关政策了解不清晰。税收征管部门要树立为人民服务的宗旨意识,明确职责、依法行政,严格按照法律要求对达到绿色标准的企业给予免征或减征优惠,培养纳税人生态意识。税收征管部门应严厉打击偷逃税款的行为,增大偷税、逃税成本,创建依法纳税健康环境。税收征管部门应加强对基层税务人员的培训,提高税务人员的专业素质,树立政府良好形象,推进税收服务高质量发展。

第六章 发达国家生态财税政策经验与启示

第一节 发达国家生态财税政策分析

资源和环境已成为全球关注的热门话题。研究发达国家的生态文明税收政策,对于我国生态税制改革具有重要的参考作用。由于生态环境遭到破坏的程度日趋严重,发达国家率先采取行动,纷纷制定以保护生态环境为主要目的的税收政策。西方发达国家以各种与环境有关的绿色税对生态环境进行补偿,征税对象包括碳排放、氮排放、硫排放、垃圾填埋、能源销售等。

一、德国

德国是"先污染、后治理"的典型。20 世纪 50 年代,德国遭遇了严峻的生态环境危机,如莱茵河的水污染、鲁尔工业区能源消耗导致的大气污染等。为了应对生态危机,德国构建了一套科学的综合治理体系,经过不断的努力,早在 1973 年就实现了"碳达峰",生态环境持续改善,逐渐探索出一条"先污染、后治理"的生态环境修复之路。

（一）制定严格的环境法律制度

德国经过四个阶段的不断探索，逐渐形成如今全球范围内最严格和最完善的法律治理体系。第二次世界大战后，德国的环保法规还是零散的、不统一的、各自为政的，虽然通过出台了《空间规划法》，坚持在生态环境保护的理念下进行空间的规划，促进区域经济生态发展，一定程度上遏制了环境污染，但仍呈现"九龙治水"的乱局。20 世纪七八十年代，德国环境保护单行法的出台在一定程度上改善了之前环保法规零散的情况，该时期的法律制度针对性较强，目标明确。简单来说，"缺哪补哪"的短期效果非常明显，但是仍然缺少系统性的综合治理。20 世纪90 年代，德国环境保护单行法越来越多，导致不同的行业或法律之间存在诸如分工不明、权责不清等问题。该时期德国开始注意到系统性综合治理的重要性，制定了《环境法》重点解决不同领域分而自治的问题。21 世纪以来，德国不但关注自身的系统治理，而且作为欧盟的核心成员国，更积极地参与区域综合治理和全球生态治理，先后签署了一系列的生态环境保护条约，共担全球环境治理责任。

（二）多元化治理制度

德国坚持预防性治理为主，注重项目的事前评估，做好科学规划，大力发展新兴能源，而且均提升到法律的层面。德国环境保护的发展离不开政府的宏观调控，在汽车尾气排放、城市供水标准、污水处理、社会福利、汽油价格等各个方面都制定了相应的法律制度，强化了政府的经济调节作用。另外，德国很重视生态环保教育，从幼儿园到成人职业教育的整个教育体系都加入了环境保护理念。德国还通过发挥社会民间环保组织的力量，开展多元化的环境保护宣传，极大地提高了公民的生态环保意识。

（三）政府主导生态补偿层次化

德国作为欧洲最早探索生态补偿的国家之一，主要通过行政措施来推动生态补偿。德国坚持在公平公正的基础上进行补偿，并通过立法对耕地占用、森林砍伐等行为进行生态限制。德国通过法律的形式对生态环境的牺牲者进行界定和强制补偿,并对中央和地方的补偿责任作了明确的划分。例如,对历史废旧矿区,中央和地方按照 3∶1 的出资比例进行补偿;对森林生态,中央和地方按照 3∶2 的出资比例进行补偿。中央和地方出资比例的明确界定,依赖于德国联邦、州和地方三级的财权与事权的统一性。联邦从宏观的层面制定相关生态环境制度以及跨区域争议等;州细化联邦的相关政策,并参与和落实具体的项目环境事宜以及资金事宜,如"三废"问题。

在德国,税收收入是用于公共职能开支的最重要收入,约占其国家收入的 90%。各级政府都有自己的税收收入,而且为平衡财力,德国构建了四级财政平衡体系,即联邦和州之间的初次纵向财政平衡,各州之间的初次横向平衡,对各州之间初次横向修正的二次横向分配,以及为财力支付能力弱的州进行的二次纵向财政平衡,最终实现各州财力的相对平衡。

另外,德国非常重视对耕地的生态补偿。一是补偿金额比较高。除了本身较高的补偿标准之外,部分州如果参加环保类的项目,还可以得到专门的财政补助。二是补偿程序非常明确。农户申请补偿后,地方协会负责土壤检测、评估,农业部负责审核,最后发放耕地补偿。

（四）生态税实现受益者补偿

1994 年,德国出台《生态税改革引入法令》。1998 年德国正式启动生态税改革,坚持环境成本内部化、税收中性和循序渐进等原则。德国的税制分为联邦、州及地方等三级政府管理,联邦政府制定整体生态环境政策,并拥有生态税的收益权和管理权,州政府可以结合本区域情况落实具体措施,地方政府则独立负责环境保护税的征收等。

生态税作为德国主要的环境调节手段,建立在燃油税的基础之上,包括能源税、运输税、资源税及税收优惠政策等,涵盖了除太阳能、风能等可再生能源以外的其他所有能源。现行生态税包括能源税（涵盖汽油、天然气等）、机动车税和其他针对机动车交通工具征收的税种等。排放低于制定标准的车辆、电动汽车等免征交通税；对使用乙醇、无铅汽油的，实行减征优惠；公共汽车则以重量、噪音及排放量等设置税率；民生用油基本免税，使用低碳、可再生资源等符合环保要求的企业可以享受税收减免优惠政策；针对包装物进行征税，降低包装垃圾污染成本。通过生态税改革，德国实现了"双重红利"效益，提高了消费者节约资源的意识，改善了生态环境。为了保持"税收中性"，德国生态税收入除了支持环保投入外，还用于补充养老保险，提高了社会就业率，降低消费者税负。

（五）绿色财政政策优化

一是绿色补贴政策不断完善。目前，德国专注于生态农业、太阳能、生物能及风能等领域补贴。德国政府专门颁布《可再生能源法》补贴可再生能源较高的发电成本，并强制电力公司以保护价格购买可再生能源发的电。在巴伐利亚州生态农业项目中，对退耕还草、合理处理牲畜粪便等行为制定了补贴标准；从事植树造林工程的，可以向政府申请树木种植成本补偿；从事土壤、森林等方面生态研究的，可以获得政府资金扶持等。二是鼓励绿色采购。德国颁布了货物和服务业、建筑业合同相关的两部绿色采购法律，要求政府在购买货物、服务或实施建筑工程时，严格遵守绿色采购法律要求。

另外，德国通过循环经济相关立法，制定税收优惠政策，鼓励消费者使用可再利用的包装物、带有环保认证标志的电器、无公害食品（有机食品），引导企业消减污水排放量等。例如，企业如果达到污水排放标准，则可以享受50%的减税优惠政策。

二、日本

日本是岛屿国家，资源储备比较匮乏，因此比较早地意识到生态环境保护和资源节约利用的重要性。随着工业的不断发展，尤其是粗放式的发展,日本生态环境急剧恶化,如 1956 年的"水俣病"事件以及东京"白昼难见太阳"的烟雾污染。鉴于此,日本政府 1971 年专门成立了环境厅,并进行相关的财税改革,推出多项针对环境保护的税收政策。环境保护税、资源税体系以及多元化的税收优惠政策共同组成日本的生态税收体系。经过不断的改革,日本 2008 年碳排放实现了"碳达峰",而且水俣市还被评为环境示范城市。

(一)绿色税制不断变化

日本从 20 世纪 70 年开始着手解决环境问题,先后出台了各项环境类法律、规划及对策等,逐渐形成以资源税和环境保护税为主,以各类税收优惠政策为辅的绿色税制体系。日本生态税制采用"低税率、宽税基"的措施,即税率不高但是基本涵盖了所有化石能源,而且对太阳能、风能、地热能等可再生能源均设置了税收优惠政策,针对绿色资产的代际转移也予以免征等。

1978 年日本开始征收石油煤炭税,20 世纪 90 年代,日本提出通过税制改革来降低车辆的环境危害性,主要体现在对"低危害化"的车辆进行减征税款的优惠政策。进入 21 世纪以后,为了应对全球变暖,日本着手引入碳税体系,生态税制改革主要针对能源、大气等领域。在持续推进车辆"低危害化"发展的基础上,2007 年日本成为亚洲第一个针对石油、天然气等开征碳税的国家。2012 年日本将碳税改为全球气候变暖对策税,在原有碳税基础上进行附加税调整,实施差别征收。2022 年日本又尝试从财税收入和价格两个角度来探索碳税和碳排放交易制度,从整体上来优化税制结构,充分发挥市场机制作用,新增了氢气充电站、绿化建筑、生态农业等方面的税收优惠政策,明确提出了通过绿色税制来应对全球变暖。

(二)政府补偿标准明确

日本的财政补贴主要体现在对从事生态环境技术创新研发的项目、个人或组织进行奖励,以及对全民利益受损的补偿。例如,日本1966 年就实施了森林法,制定了详细的补偿标准,补偿金的来源涵盖了政府与市场的行为。政府的补偿金主要是林业补助金,采用中央和地方 6∶4 的比例支出;市场的补偿金主要来源于长期的无息或低息贷款。日本现行的森林法、自然公园法、鸟兽保护法等都延续了这一制度。另外,日本由于人均耕地面积少,特别重视耕地保护,针对采用有机耕地农业生产的行为直接进行财政资金补偿,还对农耕药物研发、废弃物回收利用、有机农业技术等方面进行补偿,满足生态认证的农户,还可以享受农业贷款、绿色品牌优势等政策。

日本也制定了相应的税收优惠政策。例如,民用保安林的经济损失可以通过税收优惠政策予以补偿。日本重视生态资源利益返还的公平性。例如,建设水库带来的收益不但要返还给下游流域的居民,也要返还给上游领域的居民;矿山开发中受益者应实施修复或防灾措施,对于土地所有人的损失应给予相当的补偿。

（三）地方生态税制补充生态补偿资金

日本地方政府通过税收来拓宽生态补偿资金的来源。例如,高知县等地区的森林环境保护税和水源涵养税、福岛等县区的核燃料税、其他地区实行的采沙税等。这些地方的税制都有着极强的针对性,有力地补充了生态补偿资金。这些地方的税制都有着严格的审批和办理程序。这些税制虽然有时对于某个纳税人来说是不公平的,但对于整个社会来说是公平的。2012 年日本开始征收环境保护税,即对化石燃料征收的"地球温暖化对策税",除此之外还有 SO_2、机动车辆吨位等环境补充类税种。

（四）绿色财政政策不断完善

日本用于环保的财政支出较大,约占其 GDP 的 2%。日本的绿色财政政策主要体现在以下三个方面:一是注重科技创新投入。从 20 世纪 80 年代开始,日本就不断加大对科技创新研发的支持,当前研发支出经费已经占到其 GDP 的 4% 左右,主要通过公开招标、竞争性资金制度等方式提供资金支持,而且专门设置"新阳光计划"用于能源科技的研究。二是强化节能环保投入。日本通过财政补贴等形式支持应对气候变化、创新性能源、低碳交通、新能源汽车充电设施、老旧建筑节能改造、清洁能源使用等方面。三是实施绿色采购政策。1994年日本就出台绿色采购相关法律,而且每年都会修订补充,强化政府对环境负担小、生态占用少、符合"3R"标准等绿色产品或服务的购买力度,倡导绿色消费。

日本还征收了环境保护税、针对 SO_2 等的环境类税,以及车辆税、道路使用税、液化气税等资源类税。同时日本对采用新技术、使用新型环保能源,减少污染物的排放等行为都制定了优惠政策,引导企业转型成为节能环保型企业。

三、美国

19世纪,美国工业高速发展,并出现了芝加哥河道上的"油脂彩虹"和匹兹堡的居民"洗衣费"大幅增加等现象。随着生态问题的逐渐严重,1899年美国颁布最早的禁止向航道排污的《垃圾管理法》。20世纪,美国能源消费急剧增加,出现了很多污染问题,如洛杉矶"光化学"污染、凯霍加河"着火"等。为了保护生态环境,美国通过采取一系列措施,在2007年实现了"碳达峰"。

(一)生态税制体系逐渐完善

1970年美国成立了环境保护署,以政府补偿为主,主要通过转移支付、政府购买、财政补贴等方式进行直接补偿,通过税收优惠、税收减免等方式进行间接补偿。其中,受益者的补偿主要通过生态税实现。美国生态税收体系的制定依托于美国国内本身较完善的法律体系。美国居民的法律意识强,再加上严格的征收体系,其环境保护税征收比较顺利,且生态环境的保护效果也很明显。生态环境保护税是美国生态补偿的主要来源和形式之一。早在20世纪80年代美国就开始对 SO_2、

SO、NO 等气体排放行为征税,并陆续开始对水污染、噪声等征税,逐渐完善相关税制,采用专款专用的方式将税收收入用于生态保护。

美国生态税制体系与德国相似,也是由联邦、州及地方三级组成,遵循"环境优先、专款专用、循序渐进"等原则,主要包括环境保护税类、矿产资源税类、汽车使用税类以及税收优惠类。

1. 环境保护税类

环境保护税类主要包括水污染税、固体废弃物收费以及向进口和生产氟氯烃厂商征收的氟氯烃税等。征收氟氯烃税是为了促使厂商寻找和研发氟氯烃的替代品,以达到保护生态环境的目的。美国鼓励居民根据自身需求,每月购买垃圾容量,不同容量对应不同的收费标准,从而有效降低固体废弃物的数量,提高回收利用率。另外,美国还针对损害臭氧层的化学品征收消费税,主要目的是减少氟利昂的排放。

2. 矿产资源税类

针对石油、煤炭、天然气等矿产资源征收的开采税,其税款由地方政府进行支配,目的是调节开采自然资源的速度,主要分为矿产资源税费和矿产开采税费两种。矿产资源税费包含矿产资源生产停止后向联邦政府交纳的权利金、支付红利税费以及开矿的废弃物处理费。矿产开采税费包含地方政府对矿产开采征收消费税和煤炭税,征收按照比例和定额两种形式,地方政府可以自行调整征收范围和税率。另外,实行专款专用制度的煤炭税,其税收收入用于为煤肺病病人提供医疗费用。

3. 汽车使用税类

汽车使用过程中产生的燃料消费税、运输设施消费税和运输消费税。例如:向汽油供应商征收的汽油消费税,最终会由消费者承担,各州可以根据自身情况设置消费税税率水平;运输设施消费税主要包括卡车、拖车、大耗油量汽车以及轮胎消费税;运输消费税是在联邦层面,向运输设施有关的汽车征收消费税,涉及燃料税、运输税、设施税等。

4. 税收优惠类

税收优惠类主要包括绿色投资税收抵免、减免和相关设备加速折旧。例如，投资用于绿色循环生产的设备或房产可以享受抵免，购买风能、光伏等环保设备可以享受税收减免，购买污染防治、净化环境等相关的设备可以享受加速折旧，对使用清洁燃料的给予税收优惠，对使用替代燃料和可再生燃料的等实施减免税政策。

此外，美国的税收征管要求非常严格，必须先由税务部门征收，再将征收的税收收入统一上缴至国家财政部，最后由财政部进行统一安排。美国生态税制的管理非常规范，建立了税务信息披露制度，如果纳税人存在未交税款等问题，其他相关部门也可以对其进行限制，减少了偷税、漏税、欠税等行为。美国生态税收的比例也在逐年增加，有利地促进了美国生态环境质量的改善和提高。

（二）彰显农业生态补偿作用

美国在1985年通过法律的形式来确定财政对生态补偿的支持。例如，对与企业绿色技术创新、农业可再生能源发电、生态经济相关活动等进行财政补贴，具体如下：

1. 明确农业补偿制度

美国农业补偿政策包括正向激励和监督管理，先后经历五次比较大的修改，得到不断的完善。美国农业补偿制度主要通过退耕还林、还草类的项目来进行生态补偿，而且还制定了一系列的保护计划，如综合保护增强计划、湿地储备计划、私人牧场保护、农地保护计划、草地储备计划等。大多数保护计划得到"强制"的资金，提高了生态保护效果，但是这大大增加了联邦政府的财政压力。联邦政府被迫在2014年以后削减了部分计划，仅保留了和农业生产消费相关的计划。

2. 采取差异化生态补偿措施

资金补偿作为草原生态补偿的主要部分，包括地租补偿、成本分担和资金激励三种模式。地租补偿针对土地恢复草地的行为,通过购买地役权、签署长期合同等形式支付土地收入补偿。例如,退耕还草或还林的项目,一般按照土地地役权市场价值的 50% 补助。成本分担是指政府给予农牧民实施生态项目保护成本一定比例的补偿资金,如实施的环境修复、草地保护等项目。资金激励主要用于奖励合理利用土地、适宜草原畜牧等行为。例如,2012 年以后退耕还林项目除了地租补偿外,还有资金激励;针对高质量的草地购买永久地役权,除了可以获得50% 以上的地租补偿外,还可以获得生态保护成本 75% 以上的资金激励。

3. 采取政府和市场双补偿机制

美国政府制定了"环保遵从条款",即如果在高侵蚀土地上种植的农户想获得财政补贴,必须遵从相应的条款,并加入农业部的环保体系;而对于不符合条款的农户,美国政府通过市场机制进行补偿,如增加农业保险保费补贴。为了保护草原、森林、土地等生态资源,2014 年美国引入"农作物保险"模式为农民提供成本补贴,当年就提供了 850 亿美元用于退耕还林或还草项目的农民将农场转让的补贴,并为新的经营者提供保险。2018 年美国将牧草修复、自然灾害、质量损失等纳入农业保险范围。对于大量的私人农场,美国通过征税来推动草地生态资源利用,并将征税收入用于补偿草地生态系统的价值损耗。

(三)绿色财政支出政策

1. 环保资金的投入不断提高

从 20 世纪 70 年代开始,美国就逐年提高环保资金的投入力度,21 世纪以后,环保资金投入已经超过其 GDP 的 2%。环保资金主要用于技术研发和专项治理。另外,美国每年除了安排 15 亿美元专门用于生态脆弱区的保护外,还安排资金引导清洁能源的使用和出口,支持环保类高新企业发展。2017 年,美国联邦环保署环境科技预算占其预算资金总额的比例为 9.1%,远超我国投入水平。

2. 绿色领域充分发挥市场作用

美国注重依托基金形式来进行生态环境治理,主要涉及有害物质、水治理等方面。2017 年美国联邦环保署基金预算占总预算的比例约为 38%。基金来源于税收收入,以低息贷款、股权投资等有偿使用方式为主,其目的是采用市场化的运作模式引导社会资本进入环保领域。而我国 2020 年才成立了国家绿色基金,当前仍以财政资金无偿使用为主,未充分吸引社会资金共同参与和鼓励地方政府投入,不利于调动市场积极性。另外,美国绿色消费和生产领域以市场引导为主。例如,美国环保部成立绿色建筑委员会并出台相应的节能政策和措施,通过绿色补贴形式来鼓励居民购买绿色达标住宅。

3. 生态资金来源多元化

美国通过法律形式要求污染企业承担所有治理费用,形成基于市场的生态正向反馈系统。生态财政资金大多采用基金方式,成立了超级基金、水资源基金、种子基金等各类基金。各类基金通过低息贷款等形式来支持不同的环境治理项目,促进资金循环利用。例如,超级基金的来源包含了政府拨款、企业所得税、联邦消费税、原油销售税和部分消费品的使用税收入等,其目的在于进行环境治理,支持环境污染严重且自身没有能力进行环境治理的地区。

4. 完善绿色采购体系

1991 年,美国政府就被要求优先采购绿色产品;1993 年出台绿色目录"能源之星",要求联邦政府机构必须按照目录进行采购。随着采购相关法律制度的循序渐进,环保法律与采购法律的"捆绑"助力,美国绿色采购已经形成完整的产品产业链体系,分为七大类绿色产品,每类产品均有完备的采购标准。绿色产品的标准会不断调整并实时更新,而且普通大众可以通过网络进行查询。另外,美国联邦政府还非常注重对采购人员的培训和采购方法的创新。

四、英国

英国作为最早进行工业革命的国家,工业文明的快速发展,使其成为"日不落"帝国,获得了丰厚的物质财富。但是随着工业化进程的不断深入,以牺牲环境为代价的弊端逐渐凸显出来,如伦敦的"烟雾"、泰晤士河污染等事件,让英国付出了惨痛的代价。为此英国提出建立"低碳社会",着手治理生态环境。现在,英国的环境问题已经得到根本性的解决,于1973年就达到"碳达峰",目前其碳排放量已降至19世纪的水平。

(一)多手段促进技术革新

英国工业化的污染主要是由煤污染造成,和当前我国的情况有些类似,所以英国技术革新的主要目的就是大力发展清洁能源,降低煤炭污染的情况。英国政府通过不断提升科研经费投入,进行技术革新,并成立专门的碳基金非营利组织和组建环保市场局,推动技术市场化,还通过政府补贴的形式引导企业和居民改用无烟燃料,最终实现降低煤炭排放的目的。

(二)法律制度化生态补偿

英国出台了《河道法令》《清洁空气法》等法律,确定了生态补偿主要根据补偿的对象进行分类,比如矿产、流域以及森林等。以森林生态补偿为例,1919年英国就成立了林业基金,通过财政拨款、林业销售收入、社会捐赠等方式注入资金,这些资金主要用于林地的保护和循环利用。20世纪80年代,英国陆续出台了《英国农场林资助方案》《英国农场林补贴方案补充案》《苏格兰林业资助项目农业补贴计划》等政策。根据不同的情况,森林补偿从森林规划、评估、更新、管理、改良以及造林等6种不同的角度,提供了不同的生态补偿方案,而且生态补偿的资金逐渐增加,最终实现了森林覆盖率的稳步提升以及森林自然资源的可持续发展。英国还针对生物多样性、生态价值高或者历史价值高的地区等保护项目给予资金补偿,2021年出台4年可持续农业转型计划,确保生态食品生产和环境逐渐改善。并且,英国会有专门机构对获得农业补偿的生产经营活动进行不定期的监督,确保补偿得到落实。

(三)生态税制体系构建

英国作为较早征收生态税的国家,1996年试行垃圾填埋税,2001年开征气候变化税。2002年,英国成立了全球第一个温室气体排放权交易机制,通过配额交易和信用额度交易两种模式构建了相对完善的碳排放交易体系。2008年,英国又通过了气候变化法案,成为全球第一个征收该税和对碳排放作出法律规定的国家,针对车辆、飞机排放征收了相应的消费、燃油及旅客等税目;针对垃圾等问题征收了垃圾和垃圾桶税;利用税收建立碳基金,专门用于低碳技术的研究与开发。2013年为了稳定碳价,英国又出台了最低碳价机制,通过加征排放价格促进碳排放权交易价格与政府规定最低价格的平衡。随着生态税制体系构建完成,英国逐渐建立起行之有效的可再生能源发展体制。

当前,英国生态税收主要包括环境保护税类、消费税类以及碳基金等方面,而环境保护税类又涉及能源类、污染类、交通类和资源类等。能源类税收收入超过整个环境保护税类税收收入的70%。能源类主要对碳氢油、气候变化、化石燃料等征税。污染类是指对倾倒垃圾征税的垃圾填埋税。交通类主要是对航空乘客和机动车进行征税。资源类是指对开采石头、矿石、沙子等行为征收的税。英国的生态税收除去投资于节能环保、生态环境治理等,剩余的资金则拨给碳基金。

五、丹麦

丹麦在1993年就开始了生态税制改革,是欧洲第一个真正实施生态税制的国家,也是最早通过大气保护政策来减少碳排放的国家之一。经过几十年的发展,丹麦实现了经济、生态与社会效益的和谐发展,而且早在1996年就达到"碳达峰",实现了能源增长与经济发展脱钩的目的。丹麦的生态税制体系主要包括能源税、环境保护税以及税收优惠等方面,取得显著效应,极大促进了绿色发展。

（一）能源税体系

1. 二氧化碳税

二氧化碳税的征税对象是产生二氧化碳的能源,主要依据其实际的排放量来征税。为使企业提升能源的利用率,平衡家庭和企业的税负,减少对能源的消耗,丹麦将二氧化碳的征收对象从家庭延伸到企业,实施二氧化碳补贴计划,对符合排放要求的企业,按较低的税率进行征收,从而引导企业通过技术改造等手段减少二氧化碳排放。同时,碳税收入被用于补贴提高能源效率、降低非工资劳动成本、支持中小企业和生态农业发展等方面。例如,丹麦对能源效率的投资补贴达到 30%。

2. 普通能源税

丹麦于 1982 年开征煤炭的能源税,于 1997 年开征天然气、石油的能源税。丹麦能源税与增值税结合到一起,占到能源价格的 2/3 左右,在世界各国中其能源税率是最高的。丹麦曾经高度依赖进口能源,为提高大家节约能源的意识,同时引导寻求能源替代品,对替代品征收较低税率,而对石油、煤炭、天然气等都征收较高的税,逐渐减少了对进口的依赖。

3. 车用燃油税

丹麦于 1927 年就开始对车用燃油征税,促使燃油价格不断提升,引导人们减少使用机动车的频率,降低尾气的排放量,减少对环境的污染。

（二）环境保护税体系

1. 垃圾税

垃圾税针对个人和企业产生的垃圾进行征税,以送到垃圾处理厂的垃圾重量作为征税对象,且按照处理方式分为三种。第一种是需要掩埋处理的垃圾。这种垃圾税的税负最重,因为掩埋的垃圾,需要长时间腐化,会污染土壤、空气和水源。第二种是需要焚烧的垃圾。因为焚烧垃圾时会产生污染空气的气体,所以对这种处理方式的垃圾征收税收。第三种是可以重复、循环利用的垃圾。由于这种垃圾既不产生任何污染,又很环保,因此这类垃圾税税负是零。

2. 自来水税

该税种主要是以家庭用水作为征税对象,其目的主要是培养大家养成节约用水的习惯。按照"谁使用、谁付费"的原则,自来水公司直接向自来水使用者征收自来水税,目的是引导人们节约用水,减少污水排放。

3. 其他污染产品税

一次性使用餐具税采用从价计征的方式,国内产品按批发价格的1/3计征,进口产品按照批发价格的1/5计征,以生产商或进口商作为纳税主体,其目的是减少人们使用一次性餐具的频率。包装税按照材料重量来征税。回收利用废旧电池的纳税主体可以依据回收电池的数量申请退税政策。化学产品税主要是对杀虫剂、氧化溶剂等征税,依据化学品的污染程度来征收。

丹麦在进行税制改革时,注重对可行性的研究,在提升环境保护能力的同时,提升企业间的竞争力。例如,在对企业征收能源税时、对部分行业的应收含硫商品等也采用适当的优惠政策。

(三)税收优惠引导低碳技术研发

专家预测,丹麦有望成为第一个摆脱石化燃料的国家,因为当前丹麦的风能发电、垃圾回收再利用等各方面的技术已经处于世界领先水平,基本实现了能源结构从"依赖型"到"自力型"。围绕低碳技术的研发应用,丹麦通过财政补贴、税收减免等政策来引导企业采用清洁能源、工业沼气、海浪发电、生物乙醇等低碳技术。

六、荷兰

20世纪80年代,荷兰开始征收环境保护税,目前已经涵盖水、能源、垃圾处理、噪音、燃料及废弃物等方面,形成较为完善的生态财税体系,主要由资源税、污染税以及税收优惠等组成。

（一）资源税类

1. 水资源税

荷兰作为世界上第一个征收水资源税的国家,主要针对开采地下水和排放污染水的单位或个人征收,涵盖地下水税和水污染税两种。其中,地下水的征税对象是开采地下水的个人和企业,按照开采的吨位数,并由当地水资源管理委员会负责征收。如果开采地下水的企业或个人,采用环保设备进行取水,运用回渗、回排技术,可根据节约水量,给与税收优惠。

2. 燃料税

该税种主要针对煤、天然气、石油等化石能源进行征税。纳税人主要是上述燃料的生产者和进口商。与其他税种不同,该税种的征收率是根据每年环保目标的资金总数来确定的,即由财政部根据每年的生态环境保护目标的预算,来确定税率,实行专款专用制度,为政府进行生态保护提供资金助力。

3. 管制能源税

其征税对象是小规模的能源消费者,主要对瓦斯、电力征税,目的是督促这些小规模能源消费者主动使用节能设备,减少对能源的消耗。

（二）污染税类

1. 噪音税

噪音税的征税对象是超过国家规定分贝量的噪音,并以排放量为依据进行征税。荷兰的噪音税主要针对航空公司的特定区域进行征税,根据航班次数和噪声产生量来计算税额,而所得税收直接用于机场周围的隔音设施建设以及对机场周围居民迁居的补偿。

2. 垃圾税

垃圾税以每个家庭的垃圾为征税对象,税收收入主要用于收集和处理垃圾。人口少的家庭可以享受一定的减免。该税种按照垃圾数量进行征税,将政府规定的小型垃圾箱尺寸作为衡量单位。荷兰政府为解决垃圾污染问题,提升居民生活环境质量而开征的垃圾税,通过两次提高税率的措施,在2013年提前实现在2020年垃圾回收率达到50%的目标。

3.机动车特别税

机动车特别税即车辆购置税,主要针对机动车排放进行征税,符合国家排放标准的车辆可以得到一定的税收减免。其目的是引导大家尽量减少使用机动车辆出行。由于荷兰城乡收入存在较大的差距,因此免征农用车的车辆税。2012年荷兰开始以汽车里程税代替新车购置税。荷兰依据排气量和吨位来制定不同征税标准,对公共交通汽车和残疾人车辆等实行免税政策。荷兰通过征收里程税既减少了碳排放量,又减少了拥堵,降低了交通事故发生率。

4.其他环境税类

超额粪便税主要针对养殖牲畜的农场征税,征税对象是牲畜的粪便,税基是粪便的排放量,依据牲畜的数量等来计算并得出税额。其目的是抑制农场饲养规模的扩张。此外,其他环境税类还包括为了保护水资源而开征的钓鱼税以及为了加强狗管理而征收的狗税等。

(三)税收优惠

荷兰的生态税收优惠主要体现在产业转型、加速折旧、退税及财政补贴等方面,目的是鼓励企业采用革新性清洁生产技术或污染控制技术。例如,主动使用新能源的企业或个人可以享受较低的燃料税,企业使用节能减排设备可以加速折旧,最高可以按1年进行折旧(其他投资折旧期为10年),对于上述设备的研发资金还可按60%的比例给予财政支持;对出口煤的燃料环境保护税和能源税实施退税;主动安装噪音消除设施的,可以免税;用于生态农业的地下水开采可以享受税收减免;军犬、导盲犬等特殊用途的犬可以免税等。

七、法国

法国按照"谁污染、谁治理"的原则,从 20 世纪 90 年代开始,围绕生态税收建设和财税资金补偿等方面,陆续出台系列环保计划,采取征收排污费、给予绿色产品补贴等方式,逐渐构建了以能源税和污染税为主体的环境财税体系。

(一)生态税制不断完善

1. 能源税

法国的能源税范围相对较窄,主要针对车辆使用类和化石燃料类。车辆使用类就是对机动车征收的燃料税,主要根据碳排放量、使用年限等来设置税率。化石燃料类主要针对汽油、柴油和燃油等,依据燃油的用途和污染量来设置税率,地方政府拥有能源税税收收入和税率的调整权。2014 年法国把碳税纳入能源税之内,并通过一定的手段进行返还。2019 年法国碳税对每吨二氧化碳排放征收 44.6 欧元。

2. 污染税

污染税主要包括水污染税、固体废弃物税、民航税等。水污染税主要针对污水排放超标的企业及家庭;固体废弃物税是指对塑料制品、生活垃圾等征收的税种;民航税根据飞机的二氧化碳排放量设置税率,主要针对客运和货物征收。

3. 征收处理方式

中央与地方政府权责清晰,两者共同负责征收全国范围的生态税,税款由环保部统一管理。地方政府负责地方性污染项目,税收收入专款专用,负责环境治理。另外,法国生态税率和税制结构会根据情况进行适时调整,并尝试采用累进税率来征收环境税,这样既避免惩罚性的超高税率,又避免低效甚至逆向激励的超低税率。

(二)生态补偿市场化

法国生态补偿的特色在于市场化的运营。例如,矿泉水公司与水源地农民签订协议,要求农民通过减少杀虫剂的使用、改善牲畜粪便的处理手段以及放弃不合理作物种植等降低对水源的污染,公司则向水源地周围的区域提供相应的补偿和产业、技术转型的资金支持。

(三)开展生物多样性保护

为了保护生物多样性,法国借助合作平台机制承办生物保护相关活动,国内通过立法、技术创新等手段促进产业绿色转型,构建低碳循环的产业体系。例如,2019年生态环保领域实施新的变革,禁止销售塑料杯装水、塑料吸管等一次性制品;成立生态多样性管理小组,专门监管破坏生态多样性的行为,并进行严惩;2021年法国举办"同一个地球"峰会和第七届世界自然保护大会等,并呼吁启动"示范性地中海"和保护生物多样性等项目。

第二节　发达国家生态财税政策的启示

生态税制是通过外部性来约束或引导单位和个人行为的有效手段,是西方各国普遍采用的一种生态环境治理方式。西方国家整体在生态税制改革方面走在我国的前面。截至2020年年底全球已经上线了32个碳税机制,覆盖了总计超3亿吨的碳排放量。各国的主要经验做法可总结如下:

一、生态税设置因地制宜

(一)立足国情,通盘考虑

从发达国家生态财税政策来看,大多数国家都根据自身的实际情况来进行"生态＋"财税改革,做到在保护中发展、在发展中保护,而且根据实际情况及时调整生态财税政策。虽然各国的生态税形式各不相同,但都是为了生态环境的不断改善,都体现了基于本国国情的生态税制改革政策。

另外,西方各国生态税制体系建立的路径也不太相同。一种是根据本国的环境污染程度和改革目标,重新建立起适合本国国情和环境、资源、经济要求的生态文明税收体系,如荷兰、丹麦等。还有一种是在原有的税制基础上不断地新增税种或完善旧税种,形成新的生态税收体系,如日本等。虽然我国制定了一系列严格的生态文明制度,但是部分地方政府为了区域利益而做出带有地方保护主义色彩的行为,导致相关环保法律制度效果打了折扣。我国要克服法律出台容易、执行难的问题,应做好顶层设计,避免出现德国早期制定过多"头疼医头、脚疼医脚"的单行法的情况,需要建立成熟、系统的整体环境治理方案。

（二）坚持税收中性原则

西方国家在进行生态税制改革时,为了避免遭受较多的政治、社会因素的阻挠,通常会注重税收的中性原则,即在征收环境保护税的同时,采用财政补贴、专项治污税额返还或减免等方式尽量做到税收中性,不增加纳税人的额外负担和不影响市场的供给规律。我国应该把生态税制融入整个税制体系中来权衡,坚持税收中性原则,充分考虑企业负担。

（三）优惠措施兼顾税收约束

生态财税改革要激励与约束并重。西方国家通过征税来约束生态环境污染、资源浪费等行为,基本涉及生产与生活的各个环节和领域,充分体现了环境保护税的调节作用,有效地引导企业和公民开展绿色生产和生活。目前,我国作为 CO_2 排放的大国之一,没有把 CO_2 排放纳入环境保护税,很明显不利于促进对生态环境的保护。

西方国家还通过税收减免、税收优惠等措施来激励纳税人提高自身生态意识和采取生态保护行为。在企业所得税方面,发达国家通过投资扣除、抵免和加速折旧等形式多样的政策鼓励环保研发和投资。发达国家对传统税种中"绿化"特征明显的消费税、车辆购置税、耕地占用税等税制也在进行相应的"生态"改革,越来越向对生态环境保护的方向倾斜。因此,我国也可以从激励与约束并行的角度,构建系统化的生态税制。

(四)税收收入实行专款专用制度

发达国家征收环境保护税的目的是保护生态环境,因此征收的税款都用在环境保护的项目上,实行专款专用制度。专款专用既可以将征收的税款重新用于环境的污染治理,还可以减轻未污染生态环境的纳税人的纳税负担,按照"谁污染、谁付费"的原则,既让污染环境的纳税人来付费,又可以通过专款专用对受环境污染损害的人进行补偿,还可以将税款进一步用于修建公众基础设施。这种环境治理方式具有明显的合理性,但是对环境保护税收的税款要加强监督管理,以防出现擅自挪用专款的现象。而我国环境保护税、资源税等生态核心税种仍未实施专款专用。

另外,发达国家生态税制还赋予地方一定的税款支配权,地方政府可以根据区域内污染物的情况进行污染治理。在税收征管方面,发达国家注重各部门之间的信息共享和配合,对未缴纳税款的企业,其他非税务部门也可以介入,并进行约束。

二、完善绿色财政资金体系

国外生态财政资金主要用于生态环境宣传、技术创新及相关设施的建设,而且通过各种制度体系保障了生态财政资金的持续性和使用的规范性。

(一)建立绿色财政长效机制

一是大多数发达国家通过财政预算来保障环保资金的投入,然后再通过低息贷款、项目联合申报等多种方式撬动社会资金,实现资金的长效利用,避免过度依赖财政资金。二是发达国家注重绿色采购效应,通过制定绿色采购相关法律,要求政府必须采购绿色产品和服务,而且产品种类和标准不断更新并及时通报,保证企业和民众也可以很容易获取相关信息,提高企业和民众的绿色消费意识。三是发达国家在发挥市场机制的前提下,通过抵押贷款、现金返还及低息房贷等方式,引导企业和消费者购买绿色产品或房产,有效地减轻财政压力,减少对市场的扭曲程度。

(二)生态财税责任法定化

西方国家的财税制度基本都做到了"有法可依",在生态补偿的资金来源、中央和地方的责任划分、补偿标准等方面都有明确的法律依据。反之,我国很多生态税制、生态财政补偿缺少法律支撑。例如,排污权交易、环境责任保险等补偿机制的立法需要进一步细化。在当前我国尚没有一部财政分权的法律之下,可以充分发挥地方立法的作用来完善相关财税补偿的条例。生态环境过程中产生的外部性,尤其是负外部性主要通过政府支付和用户付费两种形式予以消解。国外生态补偿资金主要来源于生态系统使用者的税款或费用支出,这样可以提高资金的使用效率。而且,国外生态补偿责任分担中,地方政府拥有较大的自由度,可以发挥相当重要的作用。

(三)多元化生态补偿资金筹集

德国、日本等国家的生态补偿一般分为政府补偿和受益者补偿。政府补偿又可以分为基于抽象和具体行政行为两种补偿。对环境有利的保护建设行为由受益者补偿,如一定范围内的企事业单位和个人、流域上游地区的积极环境保护建设行为。美国、英国等国家认为生态资金的融资方式可以多样化,既可以从财政拨款、土地出让金中按比例提取,也可以从水电、旅游、矿山、水利、煤炭等受益单位收入中按比例提取,还可以从生态税、生态补偿基金中提取。

(四)建立差异化补偿机制

西方国家的生态资金筹集方式多元化,其资金支付标准也呈现差异化。一方面体现为补偿标准的差异化,即不同地区按照不同的补偿标准,同一地区又根据环保情况的不同设置不同的支付标准。德国、美国、英国等大多数西方国家都通过地方立法的形式确立差异化的生态补偿标准,其标准和生态补偿能力、补偿手段、自然地理条件、经济发展水平、历史文化伦理观念等密切相关。另一方面体现为补偿对象的差异化,包括两种情况:一是正常开展生态经营时因利益受损而得到的生态补偿,如减少农业、肥料的使用等。二是不直接开展生态经营,但是从事相关保护研究或有其他贡献的单位或个人,也可以获得资金支持。我国中、东、西部地区自然条件、经济基础差距很大,因此在生态补偿相对公平的基础上,应体现补偿标准的差异化,才能更好地提升生态补偿效果。

（五）注重对财政补偿资金的绩效管理

发达国家非常重视生态财政资金的使用效率。资金监督主要通过事前预算约束和事后绩效评价来完成。例如,美国农业生态补偿早在1991年就建立了环境效益指标体系,用来评价资金的使用效果。我国制定的法律制度更侧重于事后惩罚性治理,事前法律约束较为缺乏。我们可以借鉴德国重视前期顶层设计和体制机制建设,强化源头生态风险管控,逐渐实现生态补偿资金事前、事中、事后的全过程监督。目前我国生态保护资金总量足够多,但是相对分散,而且部门分割严重,缺少合力,不利于生态环境的改善,需要通过全过程、一体化的绩效管理来使生态补偿效果实现最优化。

三、坚持循序渐进完善管理体系

（一）注重政府和市场的合力融资

根据西方国家的经验,生态保护资金应由政府和市场协同支持。西方"庇古税"理论为采用财政补偿防止市场失灵提供了理论基础,而科斯定理通过产权的清晰配置为市场生态补偿找到了依据。因为政府与市场各有优劣,所以西方各国基本都采用政府与市场双补偿的方式。目前,大多数政府官员和学者都认识到政府与市场生态补偿相互融合的必要性,政府与市场方式并不是绝对的分裂,可以走向有机融合,而且市场的多方或者双方共同协商后的补偿结果,还可以对价格进行自发的调节。

(二) 完善价格机制和市场体系

发达国家的改革多以循序渐进的方式进行,征税由松到紧,给污染者时间,逐步地淘汰高耗能高污染的设备,改用低耗能、低污染的设备和清洁能源,从而将对企业的经济影响降到最低。发达国家都已经形成完善的价格机制和市场体系。市场机制的核心是价格,价格机制是资源配置的前提,产品的价格可以反映出产品所具有的价值和稀缺程度。完善的市场体系具有追求自身经济利益最大化的经济主体,而且经济主体的选择很容易受到价格机制变动的影响。发达国家运用健全和完善的市场体系,使用税收调节价格,价格变动又会对经济主体的选择产生影响,促使经济主体为追求自身经济利益最大化而采用更先进的技术、更环保的设备和更清洁的能源进行生产,从而达到保护生态环境和促进经济发展的双目标。如果市场体系不够健全,价格变动对经济主体的影响不够灵敏,即传导机制不顺畅,那么税收的调节就可能误导经济主体,导致无法实现对生态环境的保护。

(三) 中央与地方各司其职

西方国家在中央与地方政府在生态税收管理上各负其责。比如:美国生态税收计划主要由州政府实施,各州政府还有生态税率自主权,地方政府对本区域污染状况、生态修复情况等信息更了解,可以因地制宜地设置税率;德国的四级财政平衡体系也基本实现了中央与地方财权与事权的相匹配,而我国幅员辽阔,每个地区的生态情况各有不同,地方政府对区域内信息更明确,但是财权较少,事权较多,需要调整中央与地方在生态治理上的责权关系,充分调动地方政府的积极性。

四、全民参与、共享共治

提高居民群众的生态环保意识、法律意识、纳税意识是生态税制改革顺利推行的关键一环。国家应将立法的强制手段和宣传教育的柔和手段结合起来,让全民参与其中,构建民众"自下而上"和政府"自上而下"的生态环境保护氛围,从而更快更好地增强居民群众的环境保护意识。例如,荷兰将垃圾分类的重要性,通过媒体向民众宣传,教授民众如何正确进行垃圾分类,并设置了垃圾投放打卡站点,如果民众按照规定进行操作,则可以享受免税或返税等优惠政策;日本则通过电视、新媒体等手段播放温室效应宣传片,让民众意识到环境保护的重要性,同时加强立法和政府监督,使生态文明建设成为一项全民运动。

另外,西方国家还非常注重贫困人口参与生态补偿的积极性。例如,美国为了鼓励贫困人口参与农业生态补偿项目,2014 年专门新增了一项农业预付款制度,给予参与该项目的贫困人口不超过 50% 的预付款,用来补偿该项目中所需要的物质和服务等支出。西方国家的生态环境措施还体现在细节上。例如,德国家庭用水需安装进水表和出水表,进水表的用水价格要远低于出水表的用水价格,以此来引导民众节约用水。

五、重视科技研发支持

欧盟针对生态环境保护和修复资金、项目以及创新不足等问题,特别出台了"里斯本战略",要求成员国加大低碳科技资金投入,深挖生态环境保护相关科研项目,强化国家之间的合作,提高科技成果和生态项目的产出量。目前,除了欧盟所实施的《欧盟科技框架计划》和《环境行动计划》外,欧盟各成员国也需要根据自身国情,制定更加细化和更具针对性的科技发展战略,这些都为加强环境监测、缓解环境污染和改善生态环境起到重要的促进作用。同时,欧盟通过政企合作的方式,已经集中投入了数十亿欧元在技术革新、低碳建材、新能源汽车等方面的科技研发。美国则在 20 世纪末专门设立"总统绿色化学挑战奖",用于奖励在低碳化工技术中有贡献的主体,用于鼓励降低能耗、保护环境的科学研究和创造发明。

第七章 财税政策引领的江西省 生态文明体系构建研究

第一节 做好顶层设计协调好"三个关系"

一、协调理顺政府、市场及社会的关系

生态文明建设中,生态环境带有"公共产品"的属性,基本公共服务均等化进程较慢、资源禀赋差异化较大、结构不合理等问题,影响着生态环境质量的提高。受生态文明自身特点和历史问题的影响,政府因处于主导地位而"一支独大",政府的主要手段包括各种财税政策的制定、执行、监督等,如征收环境保护税费、财政支出等手段;市场的作用偏弱,主要针对排污费交易、碳汇交易、绿色信贷及保险制度等进行探索;而社会机制更弱,生态文明第三方组织的协调作用有限。

现阶段,一方面,政府在人才、资金、信息及技术等方面资源有限,而且随着生态文明建设的不断深入,生态补偿的资金覆盖范围将逐渐扩大,各方面资源要素的供给不断提升,政府面临不小的挑战,尤其是江西省部分财政资金紧张的县区,生态补偿资金短期内很难弥补"发展损失";另一方面,政府也存在市场失灵的情况,政府的生态环境供给也

有可能挤压了市场和社会的供给空间,而且政府在生态文明建设方面也存在"九龙治水"的局面,其事权分散在水利、科技、发改委、生态环保、财税、城管、农业等部门。

因此,江西省需要理顺政府、市场、社会三者之间的权责关系,调整政府的支出责任,严格落实企业作为市场主体的责任,通过制度体系建设明确政府与企业的权责边界,推动生态环境外部成本内部化,引导社会资金投入到生态文明建设中,充分发挥协会、团体及个人的主动性和能动性。江西省还可以探索通过飞地经济、产业转移、资金补偿、交易互助等形式来引导政府、市场、社会之间的生态补偿机制平衡。例如,通过市场化的碳汇交易、商品林赎买、林权抵押、资源出让等,实现生态"红利"。政府、市场和社会组织的协同关系如图7-1所示。

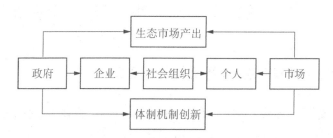

图7-1　政府、市场和社会组织的协同关系

二、正确处理中央与地方的关系

当前,生态文明建设中的资金、政策等主要依托中央财政支持,而地方政府对生态环境保护和修复的积极性不高,主要按照中央的要求"按部就班"地执行,甚至出现了生态资金转移用途的个别情况。

生态文明建设中,中央政府和地方政府各有优势。中央正重点协调跨区域综合治理的问题,主要支持外溢性或西部薄弱地区的生态项目,如全国区域内的国土、大气、保护区、重大基础设施、跨区域大江大河等的治理。地方政府对自身区域内的生态信息更了解,重点完成自身区域内的生态项目,如区域内的垃圾、污水、农村环境等治理以及环保设施建设等。低碳技术创新、生态环保宣传等方面需要中央与地方共同努力,充分发挥两者的优势,提高各方节能减排的积极性,合理界定两者之间在生态文明建设过程中的财权、事权及其他问题,逐渐提高地方政府的生态考核比重,完善生态激励约束机制,发挥地方政府的灵活性,从财税的角度加大对当地环境治理的投入。中央政府应做好生态文明建设的顶层设计;地方政府则在遵循中央政府决策的基础上,充分发挥自身的灵活性,不断进行体制机制创新,探索生态文明建设的新模式,先行先试,尽量减少"绿色悖论"现象。

在协调好中央与地方财权事权的基础上,江西省要结合本省区域经济发展与生态资源的情况,在省、市、县之间做好生态环境权责划分,做好环境监测、管理、防治等工作,构建权责明确、财政平衡的各级生态环境治理关系。

三、正确处理保护与发展的关系

生态文明建设的关键在于处理好生态环境保护与经济发展之间的协调关系。江西省应坚持在生态保护中寻求经济发展,促进"两山"转化,把生态优势转化为经济发展优势。一方面,江西省要转变发展理念,摒弃唯 GDP 论,遏制粗放的"三高"[①]增长方式,提高绿色 GDP 考核比重,提升碳汇能力和碳容量空间,长期来看其本质也是在扩大 GDP 的发展空间。另一方面,江西省要加快推动生产、生活方式的绿色转变,发展低碳产业和调整能源结构,严守生态保护"红线";倡导低碳绿色生活方式,抵制污染环境和不合理消费的行为,形成生态健康的生活氛围。

---

① "三高"即高污染、高能耗、高排放。

第二节　绿色财政体制完善建议

生态财政的关键就是做好生态资金的"开源"和"节流"。"开源"可以确保生态补偿资金的可持续性;"节流"要求生态资金用在"刀刃上",不能形成"眉毛胡子一把抓"和"撒胡椒面"的局面。

一、建立生态财政资金长效机制

江西省的财政能力比较弱,需要通过政策引导建立一个逐渐增长的生态资金投入机制,并且将该指标纳入政府绩效考核中来,加强对地方政府官员的约束力,提高地方政府官员的主动性,确保财政资金用在生态文明的实处,进而提高资金利用效率。绿色财政投入与碳排放减少具有强相关性,有效的资金投入是促进生态环境保护事业稳定发展的前提条件,也是我国在新时期全面推进生态文明建设的基础性工作。

（一）强化环保资金管理

1.资金多元化筹集

生态文明建设可持续发展离不开资金的支持。江西省要建立环保投入长效增长机制,通过立法形式规定资金投入情况,逐步提高生态投入占 GDP 的比重。政府部门要积极支持和鼓励其他资金筹措渠道。在实际工作中,政府部门可以尝试借鉴国外的经验,设立环保专项基金,通过低息贷款、项目支持等形式实现环保专项基金的滚动发展,并借助有效的管理实现专款专用,为环保工程的开展提供良好的资金支持。环保专项基金的设立既可以激发环保产业参与环境保护和污染治理的热情;又可以充分发挥政府的支持作用,进而促进私人资金参与环境保护。例如,对于已经存在的生态环境问题,政府部门可以通过培育第三方污染治理企业来处理,使用专项基金给予财政补贴、风险补偿等,在绿色信贷"活水"的支持下,全面推进环保工作的优化。

2. 统筹财政资金支出

近年来,因执行减税降费政策,江西省各级财政收入均受到较大影响。对此,江西省可以采用以下方法统筹财政资金:

一是可以通过提高国有资本经营预算调入一般公共预算比例、依靠国有企业上缴利润、收回结余结转资金、盘活闲置行政事业单位资产等方式弥补减税降费带来的收支压力,统筹行政事业收费、罚没收入等。

二是降低一般性支出比例,做好长期"过紧日子"的准备,按照"统筹平衡、量力而行、规范透明"的原则,在全省范围内逐步施行"零基"预算编制,打破基数和固化支出,消减低效无效支出。例如,除应急救灾、安全管理及正常更换意外,不得大规模维修楼堂馆所,减少通过财政资金置办行政事业资产。

三是对财政税收政策进行调整和优化的工作中,可采用立法的形式明确资金使用方向,引导企业进行技术革新、清洁循环生产等,引导规划区对环保的投入力度。建立健全管理体制和机制,加强各部门之间的协调配合,建立社会参与制度,充分调动社会参与的积极性,鼓励民间资本的投入。如此,就能改善当前生态环境保护工作中资金不足的局面,使生态环境保护真正实现可持续发展。

(二)加强环境执法力度

政府部门应做好环境的监督执法工作,从源头理顺环境投入机制,确保数据公开透明、真实客观,加快推进政府、社会及市场的"三位一体"生态资金合作模式。政府要关注对环境监测与污染的识别,污染企业可以通过政府"谁污染、污染程度"的监测数据,向市场第三方购买污染治理服务,进而实现"谁治理"的目标,逐渐形成各司其职的正向反馈机制。同时,地方政府要强化债务管理,做好风险管控防范工作,强化政府与企业的合作,提高运营效率,通过绿色金融杠杆促进生态环境逐渐改善。而且由于生态产品具有空间的"溢出"效应,政府部门在环境执法管理、政策制定等方面要加强与周边行政区域的交流,实现生态的多方共赢。

（三）财政资金协调机制

江西省要引导资金向县级政府"下沉"，提高财政资金投入的精准度，鼓励和支持各级政府多渠道筹集生态资金。例如，探索以奖代补、风险补偿、农业保险等形式，支持绿色金融，引导企业投资，实现财政资金从"授之以鱼"到"授之以渔"、从"补建设"到"补运营"等，推动生态文明建设多元化市场运营。

江西省应构建环境绩效视角下的财政资金分配机制；完善对大气、土壤、农村等专项资金开展的常态化的生态资金投入和绩效评价体系，形成"多渠道饮水、一龙头排水"的资金分配和投入格局；构建绩效评价资金分配和奖惩机制，将项目的实施过程、成效以及地方资金的配套等情况统一进行考核，完成的奖励，未完成的削减以后年度预算；注意环保资金投入的城乡平衡、区域平衡问题，逐渐提高农村垃圾污染、土壤污染等方面生态治理的投入比例。

（四）强化政府绩效考核

江西省应在政绩考核中加入环保这一指标，进行强制性规定。各级政府必须建立环保问责制，促进完善政府职能，实现经济绿色发展。江西省要把环境指标与绩效考核结合起来，绩效考核结果要与干部任免、奖惩及选拔相结合。政府部门应监督和检查自身工作进展，及时公布相关信息，引入社会监督，进行生态系统生产总值（gross ecosystem product，GEP）试点改革，倒逼督促各级政府加大生态资金投入，构建一套科学有效的政府绩效考核机制。

二、丰富转移支付制度

转移支付属于收入的再次分配，通过转移支付可以增强地方政府污染治理的责任，对于建立完善的生态补偿机制至关重要。我国主要采用一般和专项两种转移支付形式，前者给予地方政府更大的自主性，可以进行适当调整,提高了地方政府生态环境保护的积极性。转移支付的关键在于要因地施策,针对不同的生态区域制定不同的策略或标准。

（一）完善对重点生态功能区的转移支付体系

一是加大生态资金的投入力度。江西省应按照中央文件精神,依托中央财政来加大对开发区的支持力度,逐渐下沉资金保障生态产品地区的财政支持,提升县区生态功能区的服务水平。2021年11月,江西省提前下达了2022年重点生态功能区转移支付资金合计21.22亿元,主要针对长江经济带、禁止开发区及重点生态县域等地区的补助,推动生态高质量发展。

二是强化资金的管理。为确保资金使用的有效性,江西省要杜绝一边通过资金修复生态,一边又发展"三高"工业产业的情况,将资金拨付与绩效考核相挂钩,强化资金的激励约束机制,针对生态环境未有改善甚至变差的地区扣减转移支付金额;通过资金管理引导地方培训新的低碳增长点,推动生态功能区的生态优势转化为发展优势。

（二）完善城际间生态转移支付制度体系

生态文明建设具有强烈的正外部性。江西省可以通过生态转移支付制度来实现城际间的利益补偿,实现生态服务均等化。如果没有生态转移支付制度,那么下游的生态环境经济效益就不需要弥补上游的环境保护效益,上游也不需要因为自身的过错来承担破坏下游环境的责任,造成城际间无法协调,最终将导致更加糟糕的环境污染。因此,从生态文明系统治理的角度,江西省应尽快建立省内发达与落后、上游与下游等地区之间的生态转移支付制度,制定统一的支付体系和环境保障,确保生态环境保护和污染治理有法可依。此外,我们要根据不同地区的具体实际情况,逐步完善转移支付制度,促进地区间生态环境与财政支出能力的相对平衡。这将有助于江西省总体生态文明建设的发展。

三、灵活运用预算制度

江西省要提升对预算管理的要求,推进预算绩效管理和监督体制调整,确保生态资金预算编制有目标、执行有监督、完成有评价、结果有反馈。江西省应通过绩效管理核查财政资金使用的准确性、目标的规范性,评价结果与资金使用挂钩,杜绝"重投入、轻管理"的现象。

绿色预算既要满足基本的生态建设和环境保护需求,如生态系统恢复、污染治理工程、垃圾处理厂以及绿色公共交通设施投入等,取消不符合生态理念的财政支出;又要优化绿色支出结构,优先支持生态急需项目。

(一)生态资金绩效评价

江西省应推动资金预算与绩效管理相协调,构建绩效评价指导下的政府决策体系。各级政府应在基本政府预算之外加入生态补偿资金,并将上级拨付的生态补偿资金纳入一般预算,即通过增加"211环境科目"的支出规模,来规划生态资金的支出项目,调节区域内民众的绿色生产、生活方式。江西省应对绿色资金设置绩效目标,围绕目标编制预算,然后从经济、社会及生态效益三个角度构建绩效评价体系(图7-2),强化资金的立项、实施、产出及效益四环节评价。

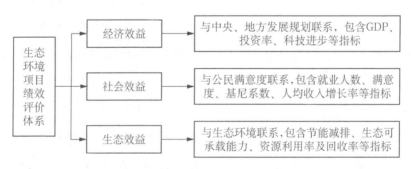

图7-2 生态环境项目绩效评价体系

(二)强化生态资金过程管理

生态资金的过程管理是为了保证资金投入与规划一致,主要考察资金的实际支出、落实及财务运营等情况。江西省应通过不断完善生态专项资金使用管理办法,缩短预算指标下达时间,杜绝资金跨年度仍未落实、专项资金被挪用、资金支出不规范、结转资金未收回等问题;通过完善绩效评价体系,实现项目资金从立项到绩效评价的全过程管理,按任务量、使用效果等方式设置评价比重,推动生态资金从"投入"到"绩效"的支配变化,提高资金使用效率。

（三）跨年项目"双监督"

江西省应以事前、事中、事后监管的视角来完善资金监管体系,重点项目监督与日常检查有机结合,加大对生态违规行为的检查和处罚力度。重点生态项目需要进行项目预算,加大投资力度,有针对性地解决存在的问题,挖掘生态补偿机制的潜力,实现对预算执行进度与生态目标的"双监督"。跨年度项目应分年度编制预算方案,允许适当的预算调整。另外,项目的完成程度可以通过项目完成率、项目费用率等指标来评估。

四、合理运用财政补贴

从生态文明建设的角度看,生态补贴主要是对企业环境治理的外部补偿,引导企业节能减排、低碳转型。如果补贴不恰当,可能会适得其反。例如,能源财政补贴的目的是提高民众生活品质,但是从长期来看与能源的稀缺性和不可再生性不相符,适当地降低补贴比例反而有可能促进能源的有效利用。所以,财政补贴要不断变化,通过差异化减排措施和节能减排标准的制定,提高对企业污染防治、低碳改造、购买环保设备、退出高污染行业等行为的补贴,降低企业生产成本,激发低碳发展积极性。

江西省应进行以下财政补贴:一是加大对使用公共交通工具、充电桩设施建设等的补贴;二是加大对风能、太阳能、地热能及光伏等可再生能源的补贴;三是针对节能环保达到国家环评标准的企业或单位进行补贴;四是针对修复森林、草地、湿地等,进而巩固或提升生态系统碳汇能力的行为进行补贴等;五是针对低碳技术研发,尤其是有效破解"卡脖子"问题的关键核心技术进行补贴或税收优惠等。

五、强化政府绿色采购制度

政府采购具有很强的消费引导和市场拉动能力。2006 年开始,我国一直对生态环境类产品进行目录调整,增大绿色采购数量,充分发挥政府绿色采购的示范、引领作用。2020 年我国"绿色"政府采购总规模达到 813.5 亿元,占同类产品采购的 85.5%。"十四五"期间,江西省要进一步优化采购结构,提升采购质量,主要从以下三个方面入手。

(一)扩大绿色产品或服务范围

江西省应综合采用强制、优先等方式,完善政府采购的指标体系。绿色产品的标准主要从以下三个方面来考虑:一是产品生产或使用过程中生态资源的占用情况,如生产中有害气体排放、化石能源消费等;二是产品消费后对生态的影响,包括消费后回收利用情况、生态系统分解能力等,因为消费形成的垃圾大多对环境有损害,所以在产品标准制定和选择上就要考虑消费后污染物的处理;三是使用年限和绿色相关指标,引导消费者通过绿色标识和回收处理情况等来养成生态意识,习惯购买绿色产品。

(二)强化绿色采购机制

江西省应增加绿色采购资金投入,不断提高绿色采购占政府总采购的比重,致力于从消费端拉动绿色经济增长,而且通过采购立法,强制要求政府、高校等事业单位购买绿色产品,并给予积极参与绿色采购的单位较高的财政预算。

(三)注重绿色采购质量

绿色采购可持续的关键在于绿色产品及服务,需要严格把控采购生态环境产品的质量、品质及服务等,不断完善采购的组织管理和绩效监督,而且同等条件下也应优先考虑本省内的产品,促进区域内企业的不断发展。

第三节　生态税制系统化构建

生态税制的改善需要各个绿色税种的互相配合,并从征收管理、税种调整到部门协调等,共同组成一个系统化的整体。生态税征收调节的环节包括资源开发、材料采购、产品生产、包装、消费及废弃处理等。每个环节表现不同的环境问题,比如资源开发环节主要存在无序、过度、浪费及污染环境等问题,产品生产环节主要存在环境污染、使用不合理、废料处理等问题。要根据不同环节制定适宜的生态税,在确保环境调节效益最大化的基础上,均衡企业税收压力。最终逐渐形成以环境保护税为主,以消费税、资源税、车船税等融合性环境税,污染、垃圾处理等环境收费以及环境优惠政策为辅的系统性生态税制体系(图7-3)。因为我国地方政府制定各类税收法律政策的权限不大,所以生态税制系统化构建需以国家层面为主。

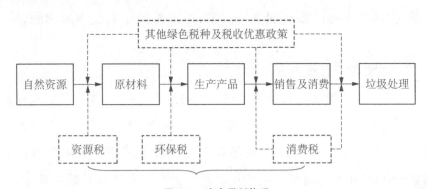

图 7-3　生态税制体系

一、加大资源税的调节力度

资源税作为生态税制的主要组成部分,其主要目的在于提高资源节约利用效率,有效解决代际负外部性问题,具体在税收收入、经济调节、能源节约利用等方面都能发挥明显的作用。江西省矿产资源丰富,矿产资源储量居全国前三位的有 30 余种,有"世界钨都""稀土王国"等美誉,但仍存在露天矿山违法开采行为、整改不及时等乱象。

(一)扩大征税范围

除了覆盖矿产、水和盐,还要覆盖林地、湿地、草地、滩涂、海洋等自然资源,才能更好地发挥资源税的调节作用;扩大水资源试点范围,对家庭节约用水行为实行税收优惠,体现"普遍征收"原则,共同养成节约用水的习惯;把土地增值税、城镇土地使用税及耕地占用税等并入资源税进行统一管理,并根据具体情况适当调节税率差距。

(二)提升资源税差异标准

按照资源极差地租调节原则,不断将资源税征收标准提高并进一步差异化征收,特别是针对现存的不可再生以及稀缺度较严重的资源,应该充分体现资源的稀缺特点。例如:可以进一步将森林中的可开采树木划分为不同等级,制定不同税率征收资源税,将草场中的草地按照丰美程度划分等级,开征资源超额利润税,结合其他采矿权、企业红利等改革,推动企业将超额利润上交国家,通过差异化的税率来增强调节能力。

(三)完善计税依据

基于生态环境保护和资源节约利用的视角,综合考虑江西省应税矿产资源的品位、开采条件等客观情况,不断调整资源税税率、征税方式及减免征收办法,可以以开采数量作为征税额,而不是采用销售额或销售量来计征,避免过度开采或积压的现象。在现有从价计征的范围内,逐步考虑把砂石、粘土、地热等从量计征的资源也纳入其中,征税对象按照金属与非金属矿产的区别,依据平均选矿回收率来确定原矿税率,并根据共生矿、伴生矿、低品位矿及尾矿等情况,落实相应的税收优惠政策。

二、提升消费税绿化程度

消费税的"绿色"作用是比较明显的,国家应继续强化消费税在税收筹集、收入差距调节以及生态环境保护三方面的作用,并重点关注"三高"产品。

(一)扩大征收范围

涉及环境保护与生态保护方面的消费行为应纳入消费税体系,针对部分会产生严重污染、大量消耗资源的消费品提高征税额度,从环境污染、自然资源耗减的角度来确定征税范围。

(二)调整征收力度

一是部分消费品税率调整,例如,一次性筷子、实木地板以及鞭炮烟花、摩托车等对环境有损害消费品的税率可以适当提高;反之,具有环保效益的消费品可以给予免征或减征的优惠。二是部分消费税征税环节调整,为了引导绿色消费和提升节能环保意识,可以将现行消费税生产环节征税改为零售环节征收。

(三)提升绿化功能

2019 年以来,消费税增税环节逐渐后移而且税收收入向地方倾斜,江西省要尽快落实省与市县的收入比例,同时可以参考增值税,采用价外征税的方法,通过计税方式的转变,使税负转嫁显性化,从而更有效地引导消费者进行绿色消费,发挥消费税的绿化功能,进而拉动当地消费型经济增长。

三、扩大环境保护税覆盖面

完善环境保护税税收体系的构建,优化环境保护税的税收效能,对于生态环境保护工作的开展有着重要影响,能为经济社会的可持续发展提供良好的支持。我国虽然已经推出了《环境保护税法》,效果也很明显,但是较之发达国家的生态税收体系,我国的生态税收体系还需要进一步完善。

（一）扩大征税范围

当前环境保护税的征税范围明显较窄,江西省应该按照"宽税基、广覆盖"的原则,并结合本省企业污染排放和治污能力等,将二氧化碳、挥发性有机物、天然气、石油等纳入征收范围。江西省要通过产业结构调整、低碳技术创新逐渐实现碳排放与经济发展相脱钩,在适当的时机开征碳税,助力"双碳"目标的实现,同时协调好经济发展和生态环境的关系。另外,建筑、机场及高速的噪声也应纳入环境保护税的征收范围,保障民众日常生活的安静。

（二）拓宽征税主体

环境保护税的征税对象不应局限于生产领域,要逐渐把生活领域污染纳入进来。在征管水平较高时,江西省可针对家庭、个人的生活垃圾污染、土地资源占用等征收环境保护税,实现全社会低碳绿色可持续发展。江西省应建立健全"多排多征、少排少征、不排不征"的激励机制,引导企业普遍采取更积极有效的方式进行污染物集中标准化处理,尽可能节约税收支出。

（三）强化部门协调合作

江西省应加强财政部门、税务部门与环保部门之间的信息协同管理,明确各部门的权利与义务。财政部门强化对环保资金的管理,税务部门强化环境保护税的征收管理,环保部门强化对上述两部门的信息共享等。各部门加强配合,逐步完善监测方法,最终将排污许可管理制度覆盖到省内全行业。江西省应运用信息化技术,精准定位纳税人的应税行为,建立"环保处罚—税款追征"的税收征管常态化机制。财政部门、税务部门与环保部门之间的合作,既可以降低征管成本,又可以改善生态环境。另外,三个部门也要加强与纳税人的沟通,开展生态环境保护、科技创新扶持等方面的培训,引导企业低碳转型发展。

（四）加强税收征管及监督

环境保护税收入属于地方政府财政收入，地方政府具有较大的自主权，但是也带来了省际之间较大的差距，给跨区域的污染转移、逃避税管带来可能。因此，中央层面对地方的立法权应该进行监督或限制，杜绝企业少缴、不缴，强化地方政府税收管理，形成上级政府、社会公众以及同级监察、审计等部门共同监督的局面。通过加强环境保护税与排污许可证、排污权有偿交易、排污总量控制之间的关联性，完善污染物排放量计算方法，提高征收和执法效率。

（五）税率及计税基础调整

环境保护税征收的初衷是提升环境治理能力。当前我国主要选择以排放量作为征收依据，检测难度偏低，故征收相对简单。长远看，我国需要探讨涵盖污染成本、资源价值变动的计税方式。一是税率设计要客观反映污染的负外部成本，可以通过动态税率机制来设置，保证税收收入稳定，进而稳定污染成本治理的资金支出；二是从企业经济活力视角来稳定税率水平，出台环境保护税税率变动时间表，给企业理性预期；三是充分发挥环境保护税调节作用，从地区、行业、污染程度等不同的方面来构建差异化的环境保护税制体系。

四、逐步提高税收立法层次

税收立法既是为了落实税收法定原则，又是推进国家治理现代化的重要内容。提高立法层次，可以有效地避免带有地方浓厚行政命令以及对于立法权与执法权出于同一主体不能保证执法公正等的弊端。

（一）将税收法定原则纳入宪法

国家应尽快制定适应新时代生态经济发展的税收基本法，明确税收立法原则、税收制度改革及征税双方的法律权利义务等原则性问题。税收及优惠政策的立法层次越高，越能体现更好的稳定性和权威性，尤其是涉及生态创新领域,更能体现国家对生态创新的重视,可以有效提升企业从事生态创新活动的积极性。

(二)提高立法水平

国家应坚持"依法征收"的原则,提高税收立法水平,尽快将现行非法定形式下的税收条例提升为税收法律,争取全部纳入全国人大立法范围,改变目前大多由国务院授权制定条例或办法的现状,从而更好地调整收入分配关系,促进生态文明发展。截至2022年7月1日,我国共有12个税种立法,"十三五"期间立法进程明显加快,但是针对增值税、消费税、土地增值税、关税、房产税以及土地使用税等6个关键性税种仍未立法。

(三)注重生态税法宣传

有关部门可以通过"税法进企业、进社区、进园区、进校园""微视频""公众号"等线上线下活动,加强对纳税人的保护和立法宣传,制定纳税人权益保护类法律,明确纳税人权利、义务、纠纷解决及相关法律责任等,保护其合法权益;改善税收立法公示听证制度,加大税法宣传力度,广泛收集民意。

五、其他税制改革配套措施

(一)相关税制互相配合

生态税制是一个系统,除了主体税种环境保护税以及"绿化"功能较强的资源税、消费税外,其他税种也要进行配套改革。例如,给予清洁生产、循环利用废弃物的企业一定的企业所得税优惠;对"三高"粗放式企业,按较高税率征收企业所得税,督促其进行产业转型或者低碳绿色生产。调整个人所得税征收范围,针对参与到环境保护事业中的个体经营者,可加计扣除额。耕地占用税税额可以适当提高,从而进一步抑制耕地浪费现象。根据排放量和耗油量来征收车船税。另外,"营改增"以来,地方财力被进一步削弱,为了保证地方政府生态环境保护的可持续性,还需要完善税收体系,给予地方政府更大的财权,提高生态保护积极性。

(二)加强信息化征管

江西省应通过信息化监管手段,将纳税人可能发生的应税行为,在生产、销售、进出口等各征收环节均进行调控。系统化的生态税制需要征管、资金收缴、税种相互协调及涉税问题责任追究等各个环节的配合。江西省应推行靖安的纳税人缴税业务"一脸通办"模式,通过引进非接触式柜和自助办税终端等,实现办税"即来即办,即办即走",提升税收信息化征管水平。

(三)财税无纸化改革

江西省应持续推动政务服务"跨省通办",建立税收征管电子档案,无缝对接金税三期、电子税务局、电子印章等系统,实现财税票据"无纸化"和"掌上办",降低重复报送资料的成本和风险,并且借助"一户式"查询功能,将传统的"死"档案变成电子的"活"档案。江西省应积极推广非现金形式运行,通过与"赣服通"关联,持续深化"互联网＋绿色采购"和"互联网＋办税"。

六、优化生态税收优惠政策

整体来看,我国广义宏观税负比重接近于发达国家,在新兴经济体中排在前列。另外,在当前经济下行和新冠病毒疫情影响下,企业依然要承担不断提高的劳动力和用地成本,以及产能过剩、利润较少的压力等。所以适度的税收优惠将起到一定的引导作用。

(一)设置合理的税收优惠范围

"生态"优惠可以从多个税种的角度来进行,优惠对象不局限于当事企业,也可以是第三方环保公司。例如:针对科技产品或绿色产业实行先征后返的增值税政策,提升对技术转让费用、购买环保设备、技术研发等方面的抵扣标准,尤其针对江西省的中小科技型企业,要加大对研发费用的扣除,继续按100%加计扣除。另外,要纵观全局,各种优惠政策相互配合,共同服务于主体税种。例如,倡导企业购置环保设备,则可以增加税收优惠力度,将当年购置设备的税收直接减免,允许在三年内全额计提折旧。

(二)把握好税收优惠政策力度

税收优惠力度要从宏观税负、主体税种及其他税种类型多角度来设置。例如:对购置环保设备的抵免额,可以适当提升;降低高新技术企业的门槛,尤其是研发周期长、投入较大的中小微企业,给予税收优惠引导其科技创新与成长;新能源汽车的逐渐增多,可以适当增加污染性机动车的征税比例;通过太阳能、风电、核电等发电的企业可以基于增值税的即征即退优惠。

(三)制定多样化的优惠措施

政府应因地制宜、因时而异地采取更多有针对性的税收优惠政策来促进生态文明建设,可在已有的税收减免、免税以及零税率等直接优惠之外,按照征税对象的不同,采取加速折旧、成本费用扣减、投资抵免等间接优惠方式。例如:可以同意普通环保设备实行加速折旧;对重要环保设备甚至可以考虑借鉴发达国家允许当年100%税前扣除;对于重要的环保项目给予财政补贴、增值税减免或即征即退;对"三高"设备不允许增值税抵扣等;针对需要消耗大量自然资源的产品出口时,征收较高的出口关税,并将税收收入用于生态补偿;充分结合优惠对象的实际情况,灵活运用直接和间接的税收优惠手段,增强财税政策的实施效果。

对生态环境保护的税收优惠范围应进行明文规定,让企业知道哪些行为是可以享受税收优惠的,从而引导企业节能减排,推动"双碳"目标的实现。为推进江西省矿业转型绿色发展,从事绿色矿山建设技术研究开发及成果转化的企业,也可以参照高新技术企业,享受企业所得税优惠政策。

（四）深化科技创新人才财税制度

税收与创新型人才流动的关系长期被忽视,其实税收对科技人才的影响较一般人要更明显,但当前的财税优惠政策主要针对企业,对人力资本的关注相对较少。江西省相对于周边地区可以看作是人才"洼地",应利用财税政策将人才引进来,提高科技型创业者的比重和积极性。江西省可以参照西方国家创新人才的税收激励政策,通过企业和个人两个途径来实现,既可以针对雇佣博士生等高端人才的企业,给予一定的补助和等额税收减免;也可以通过针对特殊人才的个税减免措施,不断优化人才发展环境,吸引更多的科技创新人才来江西发展。

第四节 "双碳"背景下生态文明体系建设

生态文明建设任重道远,当前"双碳"作为生态文明的主要部分,是最紧迫的生态文明发展目标。作为国家生态文明试验区的江西省,需要立足"双碳"背景,充分发挥财税政策的示范作用,构建生态文明建设体系。

一、完善生态文明建设法律体系

公共卫生危机事件的出现,让人类意识到了生态文明建设的重要性。生态文明建设的关键在于重塑人与自然的关系,需要法律体系的持续创新来推动人类生态价值观的转变,构建完善的生态平衡系统。生态文明建设法律体系的构建要坚持生态优先、遵循自然规律,强调生态优于经济、保护优于治理。江西省在完善生态文明建设法律体系时应注意以下四个方面:

一是内容要涵盖大气、能源、自然资源、生态保护、生物多样性、专项管理等相关法律,且各项法律应相互配合,组成一个有机整体。

二是中央和地方生态法律法规相互配合,中央注重顶层设计,以及跨区域、流域的制度设计,地方注重对细节的落实。

三是注重考核落实,提高生态法律法规的执行力,从政府绩效考核、市场环境损害赔偿界定以及社会共同参与的"三位一体"视角,强化制度的执行力。

四是完善协调机制,省内各部门要相互配合,把与生态文明发展的各项工作统一到"双碳"行动上来,全省"一盘棋"强化交流沟通,共同推动绿色低碳发展。

二、强化生态文明建设管理体系

(一)源头控制

生态文明建设要注重空间信息的规划和设计,做到生态文明建设布局的精准选择。江西省推动国土空间规划"一张图",划定生态保护红线,坚持有节制开发的原则,将湿地、林地、草地以及水面保护等同于耕地保护,建立生态空间管制制度和自然资源产权体系。江西省有 26 个县区被划为国家重点功能区,面积共计 51 106.96 平方千米,占江西省国土面积的 30.62%,而全国国家重点生态功能区的面积占全国面积的比例为 53%。可见,江西省还需不断扩大重点生态功能区规划。

(二)过程严管

江西省建立了"生态云"环境数据平台,对生态功能区进行实时定期的评估,掌握全省范围内的生态系统结构,提前了解生态相关风险;不断创新和完善"河长制""湖长制""林长制""链长制"等体系建设,继续推进流域综合管理;构建清洁低碳发展法律体系,提升节能环保法律标准,完善以低碳绿色为目标的财税、金融法律制度。

(三)后果严惩

江西省应将更多的生态环境、低碳相关考核指标纳入日常绩效考核,完善自然资源离任审计和生态环境责任追究等制度,对重大生态环境破坏事件严格进行执法和追踪,"环保回头看"覆盖所有地市,并且依托社会大众的力量,构建生态环境信息举报制度,及时给予信息反馈。

三、丰富生态文明建设内容体系

(一)区域发展的三个打造

一是打造绿色发展示范区。通过发挥示范区先行先试的作用,拓宽"两山"转化的渠道,不断推进省内试验区的建设,从申请创建—审核备案—评估验收—评审公告—示范推广—考核督查等六个环节开展绿色发展示范区的创建工作。

二是打造制度创新先行区。加强改革的系统集成和协同创新,推动生态文明体制机制改革落地见效,坚持协同发展理念,构建各部门相互配合、社会积极参与的综合制度体系。通过制度的先行先试,提升江西省生态文明建设治理能力,为其他地区提供更多的经验。

三是打造美丽中国样板区。坚持鄱阳湖流域综合治理和系统修复,统筹推进污染防治攻坚战、长江经济带攻坚行动,将绿色发展理念贯穿大气、水体、生态、宜居、土壤、林地等各个方面,实现社会、经济和生态效益的最优化,统筹美丽城市、城镇及乡村建设,提升生态环境的稳定性和人民群众获得感,在全国打响山水林田湖综合治理品牌,打造美丽中国的"江西样板"。

(二)生态系统的四个注重

一是更加注重统筹协调。要处理好综合改革和专项改革以及各专项改革之间的关系,把握好改革推进策略、时序、节奏和力度,强化生态文明工作的统筹协调,防止政策相互脱节、改革单兵突进、制度叠床架屋等问题。既要体现"上下"纵向的协调,保持政策执行的一致性;也要体现"左右"横向的协调,推动各部门的相互合作,形成合力。

二是更加注重体系建设。强调生态文明建设过程中的法制和系统思维,从基础设施建设—创新产业链条构建—生态产业集群效应—生态文化价值营造—社会生态协同网络——生态体系完善等方面逐渐推进生态文明制度体系的现代化。

三是更加注重绿色发展。要把握好生态文明阶段性工作重心的变化,实现由"十三五"时期的"解决生态环境领域突出问题为主",向新发展阶段的"从源头和全过程推进经济社会绿色转型、实现绿色高质量发展为主"转变。

四是更加注重"双碳"目标的实现。要坚持能耗"双控"制度,从源头防治—产业转化—技术创新—新兴产业培育—低碳绿色生活等方面,逐渐构建清洁、安全、高效、低碳的能源体系和产业布局。

(三)生态发展的五大领域

一是绿色发展领域。落实绿色产业转型重点行动,推进建筑、交通、物流、工业等重点行业和领域绿色化改造,创建或新增绿色产业示范基地、绿色园区、绿色商场,积极推荐绿色技术入选国家绿色技术推广目录,推动南昌、赣州、上饶创建绿色出行城市。坚持循环发展引领行动,推进赣州、萍乡、上饶、永丰、新余高新区、万载工业园等资源综合利用基地和南丰资源循环利用基地建设,提升改造 70 个国家级、省级循环化改造园区和城市矿产基地,新增资源综合利用基地,实施循环化改造的省级园区达到80%以上,实施餐厨废弃物资源化利用的设区市城市建成区达到50%以上。

二是生态保护修复领域。重点实施水环境综合整治、林业生态建设、湿地保护修复、现代农业开发、生态旅游示范五大工程。推进吉安(千烟洲)生命共同体和抚河流域生态保护及综合治理工程建设,实施小流域综合治理重大工程。提升森林质量,扩大碳汇容量。打造赣中丘陵地区山水林田湖草综合治理样板,实施水土流失重点治理、崩岗治理、生态清洁小流域等工程,实施湿地恢复和综合治理工程。开展鄱阳湖区、武夷山脉、罗霄山脉、南岭山脉等国家级和省级生物多样性优先区域野生动植物资源调查,建设陆生植物物种资源迁地保护基地(基因库),高标准建设中科院亚热带植物园,实施靖安中东部种质资源库、濒危物种(长江江豚、鲥)抢救性保护工程,开展恶性入侵物种综合防治试点。

三是污染防治领域。推动污染行业排放改造升级,加强"四尘三烟三气"①综合治理,逐步降低挥发性有机物、氨氮化物的排放。全覆盖建设生活污水处理设施全覆盖,利用植被、净水技术等提高污水处理达标率。通过完善土壤检测、监督制度体系等,做好土壤污染防治工作。逐步引导和推进垃圾分类处理系统建设,尤其在工业园区建设废弃物集中处理设施,强化生活垃圾和危险废弃物的处理。

四是资源能源利用领域。开展节能降碳行动,加快产业结构调整、能源结构调整。坚定不移地落实"双碳"目标,配合国家政策制定江西省的"碳达峰"行动计划,落实能耗"双控"约束性指标,严控新上高耗能项目,推动全省煤炭消费占能源消费比重持续下降。开展节水行动宣传,推动单位 GDP 用水量不断降低,通过技术改造提高工业循环用水率和农业节水灌溉面积。通过财税、金融、行政等手段引导企业节能减排,发展清洁能源。

五是生态文明体制改革领域。"十四五"期间要以更高目标、更严要求推进生态文明建设和体制改革,争做贯彻习近平生态文明思想的"排头兵",争创美丽中国的示范样板,为全国生态文明建设提供更多可复制可推广的经验成果。实施绿色生产、消费措施,建立低碳循环、绿色技术创新体系。倡导低碳绿色、简单适度的健康生活等。健全环境治理、生态保护、绩效考核以及责任追究等相关制度。

（四）绿色低碳的六大体系

一是绿色低碳循环生产体系。构建工业和农业的循环生产体系,因地制宜地探索农业的"猪—沼—菜""稻—萍—鱼""稻—虾—蟹"等模式,

---

① "四尘"是指建筑工地扬尘、道路扬尘、运输扬尘、堆场扬尘。"三烟"是指餐饮油烟、烧烤油烟、垃圾焚烧浓烟。"三气"是指机动车尾气、工业废气及燃煤锅炉烟气。

全链条绿色生产形成绿色有机农产品品牌。例如,"江西绿色生态"品牌已在 17 个地区进行试点,"赣鄱正品""崇水山田""赣南脐橙"等都产生了很大的品牌效应,推动了江西省农业绿色低碳发展。以工业园区为单位,建立循环绿色产业链,提高废弃物的回收利用效率。大力发展低碳新兴产业和数字经济,推动高排放产业脱碳化升级,持续推进工业园区的循环化改造升级。培育和建设一批绿色园区、工农复合型循环经济示范园区、绿色工厂、绿色产品和绿色供应链企业,推进工业产品绿色设计示范企业创建。

二是绿色低碳循环流通体系。"十三五"期间江西省物流总费用与 GDP 的比例持续下降,但是仍高于经济发达地区的水平,需要不断推进绿色物流,优化全省物流布局,以南昌和九江为中心大力发展水运、铁水联运模式,提高鹰潭的陆港运输能力;鼓励运输配送逐渐采用新能源、清洁能源类汽车,建设数字化物流运营平台,构建智慧仓储—装卸—运输一体化托盘循环共用制度。

三是绿色低碳循环消费体系。倡导全社会的绿色低碳生活,鼓励进行绿色采购,政府优先和强制采购国家绿色、环保节能清单的产品,通过财政补贴、减税降费等政策引导企业和个人采购绿色节能产品,逐渐形成全社会的绿色产品消费氛围。加强对绿色产品的保护力度,严厉打击"劣币驱逐良币"的现象和针对产品信息虚假宣传的行为。增强政府、院校、企业等的节约意识,并有序推进日常生活垃圾分类,减少一次性塑料制品的使用,鼓励绿色出行,持续推行碳普惠、绿宝碳汇等方式。

四是绿色基础设施建设体系。转变传统高耗能生产方式,实现能源体系的低碳绿色发展。一方面,通过大力发展风能、光伏等清洁能源来降低对煤炭、石油等化石能源的使用;另一方面,对公共基础设施的建设也要制定绿色标准。

五是绿色技术创新体系。一是丰富绿色产业指导目录,引导绿色产业健康发展,推进丰城循环经济产业园建设,支持创建若干国家绿色产业示范基地,加快推动绿色产业集聚。二是构建政府、企业、科研院校"三位一体"的研发平台,从财税、科技政策到企业资金投入再到科研院校技术研发,构建一批绿色基础创新平台,并通过科技成果供需双方的积极对接,加快科技成果转化。

六是绿色法律法规政策体系。完善绿色产品价格机制,大力发展绿色金融。引入金融"活水",带动清洁能源、碳汇交易、生态产品等绿色产业发展,继续加强赣江新区金融创新,探索资溪"两山银行"模式,开展"碳金融"试点工作,逐渐形成可复制的经验。探索排污权、自然资源产权、用能用水权、碳排放权等交易体系,并进行先行先试。强化财政资金与金融、信贷产品的协同合作,通过 PPP 模式筹集更多的社会资金进入节能环保项目。

(五)构建生态产品价值体系

1. 生态产品调查监测

由政府或第三方对生态产品进行"摸底",建立自然资源及生态产品监测体系,编制自然资源报表,并进行确权登记,全面掌握省内自然资源情况;稳妥推进农村承包地、宅基地、水域滩涂等"三权分置"①,实施生态产品信息普查,建立全省生态产品目录清单,形成生态产品信息数据共享"云平台"。

2. 生态产品价值核算与评估

建立生态产品价值核算机制,逐步推行 GEP 核算,定期核算全省的生态产品价值量,探索生态产品价值评估、管理和交易程序。开展重点项目 GEP 地块级核算评估,为项目建设、验收、考核等提供依据。总结推广资溪县生态资源价值评估中心运营模式经验,鼓励金融保险、信用评级、资产评估、会计审计等有关机构积极参与,培育生态产品价值第三方独立评估机构。

---

① "三权分置"是指所有权、承包权、经营权三权分置。

3. 生态产品价值多元化实现路径

一是推进生态产品产业化。发展优质生态农业,高标准建设全国绿色有机农产品示范基地,壮大茶叶、油茶、脐橙、中药材、竹、富硒大米、牛羊等特色产业。提升对优质农业、林业的扶持力度,建立地方种质资源中心库,构建江西省种质信息网络系统。发展绿色低碳工业标准,结合国内外经验与江西省生态资源因地制宜地出台 GEP 核算地方标准。充分利用洁净水源、清洁空气、适宜气候等优质生态条件,大力发展精密仪器、电子元器件、生物制药、绿色食品等环境敏感型产业。发展实施"生态+"文化、旅游、体育、康养等产业,推动"大生态"融合发展。制定"红色旅游研学基地""红色旅游优质服务示范景区""江西最美乡村旅游风光带建设指引"等地方标准,组建专业品牌运营团队,推进以品牌为核心的管理体系建设,提升品牌对生态产品的溢价水平。

二是纵深推进生态产品保护补偿。完善生态补偿制度,将 GEP 核算结果纳入补偿考核内容,加大对提供优质生态资源和生态产品的生态功能区补偿力度,完善流域生态补偿机制。加大现有纵向、横向生态补偿资金筹集和补偿力度。开展跨区域生态保护补偿,探索与长江中下游相关省市开展对口协作、园区共建、项目支持、飞地经济、产业转移、人才交流等灵活多样的多元化补偿。积极推进上下游流域生态保护补偿,完善生态环境损害赔偿体系和标准,促进生态损害赔偿和司法诉讼、处罚相配合,建立公开透明、有法可依的生态损害追责制度。

三是全面开展生态产品市场交易。打通生态产品的销售渠道是促进生态产品价值转化的关键,引导全省各地建设生态产品交易市场,提供线上与线下相结合的方式销售,申办江西生态产品推介博览会,打造全国性生态产品交易展示平台。积极举办生态产品展销活动,促进产品与资本对接。推动资源环境权益交易,量化森林、水、土地、矿产等权益指标,依托交易平台,有序推进资源产权的有效利用和转让。落实国家"双碳"工作要求,通过碳汇交易体系制度和技术的创新,积极探索碳市场和碳排放额度分配制度。加大市场培育支持力度,发挥政府采购的作用,打开生态产品市场,形成区域性的绿色产品品牌。根据生态产品目录清单,对生态产品的生产、服务企业落实相关税费支持政策,研究制定新的支持政策。

四是深化绿色金融改革创新。开发权益类信贷产品,把生态产品的核算价值作为其后期市场交易、抵押贷款以及损失赔偿的主要依据,并且与生态转移支付和生态补偿的金额相联系。发挥财政资金的撬动作用,提升绿色信贷活力,积极开展生态产品直接融资,发行与生态产品或生态服务相关的绿色债券,鼓励企业通过排污权担保抵押等形式进行融资。推动绿色保险创新,利用绿色保险、绿色贷款等支持生态产品价值,把特色的农产品纳入绿色保险试点。注意引入社会资本,形成综合性的绿色金融体系。

五是生态产品价值保障机制。一方面,探索对生态产品价值的激励机制,开展社会宣传、积分兑换以及其他优惠活动,提高民众对生态产品的关注程度和购买动机;另一方面,建立生态产品价值考核制度,把与支持生态产品价值实现的相关事宜纳入干部考核中去,作为考核的重要依据。

四、构建生态文明建设能源体系

"双碳"属于约束性指标,而节能提效是实现"双碳"目标的战略之首。江西省要降低能源、交通、建筑及制造业等四大领域对化石能源的消耗,进行能源产业结构转型和技术革新,尤其是针对矿石冶炼技术的创新发展。

(一)思想认识层面把握处理"三大关系"

1. 处理好减碳和发展的关系

要在坚持高质量发展的前提下,落实好减排工作,避免"一刀切"政策,因地制宜制定不同地区的"双碳"时间表,稳步调整经济结构、产业结构、能源结构,引导"三高"企业有序退出或转型升级,推动实现碳排放与能源消费逐步脱钩。

2.处理好碳排放增量和存量的关系

推进"双碳"实现,是碳排放先减增量、再减存量的两阶段策略,即转型升级为依靠非化石能源实现"减增量",淘汰落后产能、开展低碳技术创新实现"减存量"。到2030年碳排放达到峰值,意味着近十年要逐年递减碳排放增量,达峰后逐步减少碳排放存量,直至达到碳中和。

3.处理好能源供给和消费的关系

要从能源供给和消费两端同步发力,一方面,大力发展地热、光伏、氢能及核能等清洁能源,降低对煤炭的需求,优化能源结构,加快用能权、碳市场建设;另一方面,淘汰落后产能,大力发展低碳经济,推进化石能源开采等重点领域节能减排。

(二)传统能源开采技术革新

推动传统产业有序健康发展,要深入实施传统产业链优化升级行动,提升钢铁、石化、建材等传统产业生产工艺、技术装备、管理效能,支持企业进行工业锅炉、窑炉以及电机系统改造升级,引导企业能源生产所产生的余热、余压、煤气等回收利用。加快推进能源"双控"制度,严格管理能源项目审批,尤其是煤炭发电等新建项目,引导建设"煤改气""煤改电"项目等。

注重低碳技术研发,重构"基础理论—关键技术—工程示范"绿色低碳创新链科技体系,建立绿色低碳工业评价指标体系,结合江西省能源利用的实际情况,制定"双碳"能源发展计划,从全生命周期角度(技术、工艺、过程、管理等)提高冶炼技术水平,降低金属损失率和碳排放强度,全过程污染控制,创新绿色生产技术标准、管理创新体系以及降低碳排放与"三废"处理协同控制先进技术、模式及规范,尽快采取新兴碳捕集技术、无废冶金等前瞻性技术。煤电发电实施节能节煤,煤耗降至289克标准煤/千瓦时;燃煤工业锅炉采用煤粉炉,提升热效率至

65%～90%,其他单位煤耗达到国际先进水平;居民和服务业燃煤炉灶采用热效率70%以上的新型炉灶。

创新技术推动煤电高效、洁净化利用,逐渐构建以非化石能源为主的新能源电力系统。交通运输业开展减排、车辆达标车型制度,实施低碳出行,推动交通设施与可再生能源结合。推广"热泵+电加热"取代锅炉,实现轻工业减排,构建低碳循环的工业体系,强化物料循环回收利用体系建设。普及数字化、智能化(智能家具或家电等)的应用,加速建筑业的脱碳。

(三)新兴产业转型发展

江西省应紧跟国家最新政策,争取在发展低碳环保产业发展中占有一席之地。要紧盯国家政策导向,加强与大型央企对接力度,做大做强低碳环保产业。产业转型是长远之计,江西省在通过技术降低能源碳排放的同时,更要积极发展风能、太阳能、水能、光伏、核能等新兴能源产业,推广5G、物联网、云计算等新一代信息技术,打造装备制造、新分子材料、生物医药、新能源等资源要素集聚能力,推动数字经济发展与实体经济发展融合,从而有效替代传统产业减少经济损失,减少产业整体碳排放。

(四)其他低碳产业发展

一是推动建筑低碳发展,提升建筑节能水平。利用财政补贴支持老旧小区绿色改造升级,探索政府、市场及社会三方的运营模式,在建筑设计、材料采购、生产、施工等环节都融入"双碳"考核指标,推动低碳理念融入智慧城市建设,构建建筑能耗监测体系,实施"绿色建筑",降减碳排放,逐渐实现"零能耗"建筑发展。

二是推进交通低碳发展。出台财政补贴、税收优惠等政策,扩大新能源汽车的使用范围,提升新能源汽车的购买力。加大绿色低碳生活理念的宣传,鼓励徒步、自行车、公交车等出行方式,控制燃油车数量的增长速度,鼓励购买新能源汽车,减少公共交通碳排放。

（五）加快能源结构布局

一是要降低化石能源消费的比重。江西省要通过财税政策、行政管控、差别电价、提高准入门槛等手段,持续降低化石能源消费的比重,将外购电力作为能源消费的重要补充。为此,江西省每年亟待再补充800万~1 200万千瓦的电,并稳定供应,并尽快谋划第二条特高压直流输电通道,全力争取各方支持。

二是要因地制宜发展非化石能源。江西省要积极引导和支持工业企业生产使用管道天然气或者液化天然气,发展"安全第一、积极有序"的核电,利用地热、工业余热等替代散烧煤。江西省要在2030年要做到能源自给自足,进而减缓"西电东送""北煤南运"的压力。

三是响应"一带一路"倡议。江西省要引导企业在海外布局发展基地,聚焦以下地区资源:北亚的铁、镍、金、铅锌等矿;中亚的铜、铬、锰和铁矿等;南亚的铬铁矿,铜矿;东南亚的铅土矿、镍矿等。

（六）实施低碳"三大提升行动"

一是加速低碳技术研发和推广,发挥技术创新对"双碳"目标的支撑作用,结合本省稀土、铜、钨、锂等资源优势,围绕风电、光伏等产业,加快推广节能低碳技术应用,提升储能和调峰能力,推进林业技术攻坚点。例如,强化碳汇人才队伍建设,建立重点企业碳排放统计报表,发展碳捕获、利用与封存技术实现循环再利用,并通过"双碳"监测机制来进行数字化管理。

二是持续推广绿色低碳生活方式,推行绿色消费和碳激励制度。例如,开发绿色生态app,促使居民通过骑自行车、跑步、垃圾分类、公共出行、光盘等行为来换取碳汇积分,并获得一定的奖励。建立健全"双碳"考核制度,约束和引导相关单位的消费行为。

三是提升生态系统碳汇能力。提升森林碳储量是实现"双碳"目标的关键,不断稳定森林覆盖率和森林质量,创新式增加农田碳汇、加强农田保育,并增加湿地碳汇、开展湿地固碳试点。重点发展森林碳汇,建立"双碳"金融机制,构建森林碳市场,完善交易制度。

五、探索生态文明建设核算体系

生态文明建设需要生态核算体系的支撑,但目前国内外没有统一的核算标准,现有理论与实践研究大多从宏观政府行为和微观企业行为两个角度来对核算模式进行探索。参照江西省生态核算的相关探索,宏观层面上有绿色 GDP、生态系统生产总值核算和自然资源资产负债表,微观层面上有企业传统的会计核算和绿色会计核算(图 7-4)。绿色 GDP、生态系统生产总值核算都属于流量核算,即核算区域内一定时期内与生态环境相关经济价值的累计发生额;自然资源资产负债表属于存量核算,基于会计资产负债表的理论,核算某个特定时点上固定区域内的自然资源价值量。

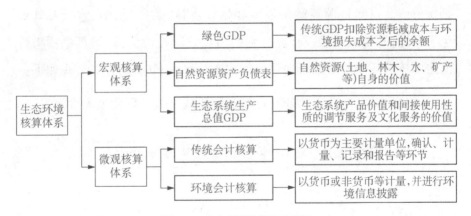

图 7-4 生态文明核算体系框架

江西省宏观生态核算探索有三种:一是 2011 年在鄱阳湖生态经济区内启动绿色 GDP 核算试点,把环境核算纳入 GDP 核算体系中形成绿色 GDP;二是 2016 年在"二市二县"①进行自然资源资产负债表编制试点,主要核算土地、森林和水资源等;三是 2022 年在完善自然资源确权

---

① "二市二县"是指宜春市、抚州市、兴国县、安福县。

登记基础上,选取抚州、南昌、吉安等地市开始生态系统生产总值核算试点。微观视角核算主要是要求省内企业进行环境成本-收益核算,把环境核算纳入财务报表中,并适时进行环境相关信息披露;宏观核算与微观核算的有效结合才能更有效地构建生态文明核算体系。

（一）绿色 GDP 核算体系

对 GDP 核算方法进行绿化,从而打破传统"唯 GDP"考核的模式。只有改变政府的行为才能加速碳排放与经济发展相脱钩。传统的 GDP 核算未能涵盖自然资源损耗与环境破坏的成本,不能准确核算经济对环境破坏的影响,已经不符合生态文明发展的要求。进入 21 世纪以来,为了转变传统 GDP 核算的弊端,自然资源和环境成本被纳入宏观核算体系(图 7-5)。江西省积极探索绿色 GDP 核算模式,两者之间存在共性和差异。绿色 GDP 就是核算时扣减自然资源耗减价值和环境污染损害价值。自然资源耗减价值主要核算森林、矿产、耕地、水以及其他生态资源,基于实物量而计算得到的消耗或耗减价值;环境污染损害价值主要核算环境治理和环境退化的成本。绿色 GDP 的计算公式如下:

绿色 GDP ＝ 传统 GDP － 自然资源耗减价值 － 环境损失价值

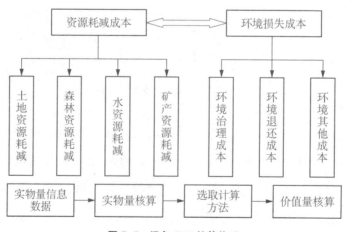

图 7-5　绿色 GDP 核算体系

1. 核算的主要思路

不管是对环境破坏的核算还是对生态系统价值的核算,都主要是核算与生态环境相关的污染排放、环境修复及保护成本、生态产品价值等,而且都是核算实物量与价值量,即一是将污染物排放量、产生量、生态破坏量、生态产品的实物量作为核算标准;二是将生态环境退化成本、生态破坏成本、污染实际治理成本以及虚拟治理成本的价值量作为核算标准。

基于 GDP 的调整核算体现为:一是从传统的 GDP 核算中扣除污染损失、虚拟治理、生态破坏等成本,即绿色 GDP(EDP)= 传统 GDP - 虚拟污染治理成本或者环境退化成本(注:实际治理成本已经在传统 GDP 中予以核算,可以不做调整,主要计算虚拟污染治理成本);二是主要采用污染治理成本和损失成本来核算。污染治理成本法假设所有污染物都得到治理就不会有退化现象。

严格来说,环境退化的成本要大于治理的费用,因此:

$$\text{“三废”等造成的退化损失} = \text{实际治理成本} + \text{虚拟治理成本}$$
$$= \text{污染损失成本} + \text{生态破坏成本}$$

2. 生态环境实物量核算

随着科学技术的不断发展,自然资源及污染物排放实物量的变化主要通过勘察和统计手段进行勘测,如利用卫星遥感影像、传感器原理、深部钻孔等。

(1)废弃物和污染物的实物量。对这类实物量的核算可以借鉴政府部门编制的有相关污染物表格。其中,水污染物主要包括 COD、NH_3-N、氰化物、石油类和重金属等,重金属的产出量和去除量待定(不好统计),我们主要核算其他指标的去除量和排放量;大气污染物主要有 SO_2、NO_x、烟尘、工业粉尘,主要从排放量和去除量的角度来核算;固体污染物包括工业和日常生活中产生的固体类废弃物和危险物,需核算其产出量、利用量、处置量、贮存量以及排放量等。实际核算中有可能因得不到足够数据,而需要重新推算。

(2)生态破坏的实物量。它是指核算森林、草地、湿地、耕地、河流湖泊等生态系统破坏的实物量。例如,森林相关的水土流失、涵养水源、多样化物种、固碳能力、气候调节等当期变量(期末存量－期初存量)。如果有些生态系统涉及跨区域问题,应该按照区域进行核算,作适当的调整。其难点在于数据的收集,需要借助大量的野外实验和观察,以及专业的技术部门予以配合。

(3)生态资源的实物量。森林、草地、湿地、水质等生态系统的价值核算应注意:一是以当地的统计数据为前提,比如基于当地的 GDP、气象、森林、湿地等监测数据,即从生态效益的角度来核算生态资源的实物量,目的在于填充国内对生态资源核算的空白;二是实物量的核算要做好不同生态系统及同一系统不同种类的核算,比如森林和草地要分开核算,森林中不同的物种也要分开核算,这是因为它们具有不同的生态价值;三是可以通过优质水资源、洪水调蓄、土壤保持、自然环境带来的旅客等量化指标来表达生态系统的产量或服务量。

同时,实物量核算的技术难点如下:一是各部门的统计指标及方法相互独立,数据差异较大;二是各部门之间的数据不共享;三是很多统计数据来源于估计值,难以满足核算要求。因此,仅靠实物量的核算是难以构建生态宏观经济核算体系的。

3. 生态环境价值量核算

生态环境价值量的核算是一大难点。为了核算体系的完整和价值的可统计,需要让"生态"有价,统一通过货币的形式来表示,即价值量的核算。

一是环境退化价值量。它主要核算环境污染物的货币流量,体现环境修复和治理的实际成本,可以参考环境治理或修复的虚拟治理成本和实际治理成本,对大气、水、固体废物等污染物进行核算。

二是生态破坏价值量。它主要针对环境污染损失的成本进行核算，需编制按地区的生态破坏损失价值核算表（按产业很难核算）。以森林生态系统核算表为例，主要计算水土流失、物种多元化、固碳能力及调节气候等方面的价值变化，其变化量可能为正值（溢价）也可能为负值（损失）。其难点是生态功能向经济货币价值转变的相关评估技术方法还不完善。

三是污染事故价值量。它只能按地区采用污染损失成本法进行，通过不同价值化的方法，把实物量转化为价值量，得到货币化的经济损失数据。

4. 生态环境价值量的核算方法

需要明确的是，环境决策的目的在于提高环境效益，增加环境功能价值。因此我们应该关注价值流量而非存量。"生态有价"与"污染付费"都是需要对价值量进行核算的。现实中很多生态价值或污染成本问题都很难通过市场直接定价交易，因此不能直接通过市场供需获取价格。当前学者们采取多种评估方法来获取其价值，主要有市场价值法、成本避免法、恢复成本法、替代工程法、机会成本法、费用分析法、意愿调查法、旅行费用法等。目前常用的"生态有价"与"污染付费"核算方法的使用情况如下：

（1）"生态有价"核算主要通过市场价值法来核算，包括替代市场法和模拟市场法两种方法。替代市场法是指通过消费者剩余和"影子价格"来核算生态价值，主要包括费用支出、市场价值及机会成本等方法。模拟市场法是指通过消费者的支付意愿来估算生态价值，其意愿可以通过调查问卷、面谈、竞标等方式来获取。

（2）对于"污染付费"，一方面，基于环境功能退化评估技术分类，可以细分为通过结构调整和消除污染来实现避免环境功能退化的成本避免法以及通过核算生态环境退化价值的恢复成本法。成本避免法实际上是一种虚拟的成本，采用替换产生污染的原材料和改变工艺，对污染物进行虚拟处理，该方法相对简单。另一方面，基于环境退化损失评价分类,可以通过评估人们的赔偿意愿来估算,类似于市场价值法,也可以通过替代品的有关信息计量(揭示)或者直接调查个人的意愿(陈述偏好技术)来估算。

"污染付费"常用的市场价值法包括依据产量和利润变化的直接市场法、评估修复费用的恢复费用法、重修安置成本法、机会成本法等;而揭示偏好技术包括反映环境质量变化与资产价格变化关系的资产品质评价法,为防护环境支付意愿的防护支出费用法、旅游费用法以及工资差额法等。

"污染付费"的核算主要包括实际及虚拟治理成本、环境退化成本等核算。一是实际治理成本,可以通过中国环境统计年报或地方统计年鉴来获取"三废"数据,得出污染成本(污染物的实物量×单位污染物的治理成本,单位污染物的治理成本可以根据当年的市场价格核算)。二是虚拟治理成本,主要是保持环境不发生退化的成本,主要采用最低成本估计方法,以假设治理成本与污染排放危害等价。三是环境退化成本,主要采用污染损失成本法,即通过得到污染损失的实物数据,来计算当期造成的货币价值损失。

环境功能退化价值评估的对象和步骤:首先,确定污染物的实物量;其次,确定代表性的治理方法,设定治理方法的处理费用系数(单位处理费用系数);最后计算虚拟治理成本。污染损失法主要考虑污染介质和污染因子,确定污染因子和危害对象,然后弄清污染状况和污染暴露范围,再建立污染危害暴露反应关系,进而调查统计污染暴露区受污染危害对象的数量,并估算污染的实物危害,最后将实物量转为价值量。

价值量核算的技术难点在于各行业之间的"三废"治理重点和水平差别较大,因此有必要进行治理运行成本系数调查,采用企业调查和专家经验推算两种方法。

5. 环境保护投入产出的核算

我们通过核算经常性和投资性的环境保护投入,以及涉及经济、社会和环境等环境保护产出,可以从投入的规模、导向、结构等方面来分析预测环保对经济的相关性及贡献能力,进而制定科学的投入保护政策和环境管理政策。

环境活动主要包括环境污染治理、生态环境保护、自然资源管理与利用、提升环境效益以及减少天然灾害等活动。环境保护投入可以分为污染防治投入和生态保护投入,主要涵盖对大气、水、废弃物、土壤、噪声、污染的防治等。

政策性环保投入资金很难区分是用作保护投资还是运行费用。我国当前对环保的投资范围没有严格的定义,通常包括针对环境污染治理和环保基础设施的投入,也包括植树造林、水土保持等修复类的投资。另外,涉及争议的环境保护运行费用(经常性费用)也计入环境保护支出(日常折旧除外)。环境保护的产出主要涉及经济、社会和环境三个方面的效益。环境保护投入产出的核算以投入产出表为基础,立足于宏观层面,融入国民经济整体运行中。

环境保护投入核算的基本思路:一是明确核算的主体,将环境保护活动从各产业部门分离出来,即不同分类标准对应不同的核算主体,比如是从环境要素还是投融资来源等角度分析;二是明确核算的对象,计算环境产品的使用去向,是经常性支出还是透支性支出;三是建立环境保护投入核算账户体系,寻找各项指标的数据来源;四是从投入的产业、规模及来源等结构角度进行核算结果的应用分析,并形成环境保护投入产出核算表。

环境保护投入产出的基本原理:当前环境保护投入对国民收入的影响偏弱,主要是因为其为长期投入。它主要通过相关环保需求来带动产业发展,进而通过收入变动刺激绿色消费需求。其乘数效应一般需要较长时间才能体现:

$$Y = (\alpha + I)/(1 - \beta) = \delta + KI$$

式中:Y 代表收入,I 代表投资,α 代表自发性消费,β 代表边际消费倾向,$\delta = \alpha/(1-\beta)$,$K = 1/(1-\beta)$。

6. 生态环境相关评估

1) 污染健康损失评估

一般来说,污染健康损失是各项污染损失中最高的损失项,该危害分为急性和慢性两种,其计算都很复杂。

污染健康损失的评估方法与程序:健康危害认定(定性评价污染物对人群健康的危害)、污染暴露评价(暴露大小、频度、时间、路径等,需要完善的监测系统)、暴露—反应关系的确定(Meta 技术:环境对健康影响的剂量关系)、危险度评价(整个过程的综合评价)、健康危害的货币化(实物量转化)。

其基本模型(小概率事件——泊松分布)如下:

$$f_{pi} = f_{ti}\beta_i\exp(c_{pi} - c_{ti})$$

式中:f_{pi} 代表污染物实际浓度下健康效应终端 i 的发生率;f_{ti} 代表污染物参考浓度下健康效应终端 i 的发生率;β_i 代表剂量反应关系系数;c_{pi} 代表污染物的实际浓度;c_{ti} 代表污染物的健康阈值(临界值)或参考浓度值;exp 代表以自然常数 e 为底的指数函数。

2) 大气污染造成的健康损失

我们可以选取 PM10 和 SO_2 的最高值作为空气污染健康影响因子,寻找污染因子的阈值。例如,美国癌症协会选用 PM10 最低浓度的 $15\sim20~\mu g/m^3$ 作为健康效应阈值,然后选取呼吸系统疾病和心脑血管系统疾病的死亡率、门诊人次、住院人次等指标研究大气污染的问题,进而分析环境污染物浓度与人体的不良健康效应发生率之间的统计关系(线性或者对数关系)。

暴露—反应关系模型:

线性关系可以表示为:

$$RR = 1 + \beta(C - C_0)$$

对数关系可以表示为：

$$RR = [(C+1)/(C_0+1)]^\gamma$$

上述两公式中：C 代表当前大气污染物浓度水平；C_0 代表基线浓度水平；RR 代表人群健康效应的相对危险度；β 代表污染物浓度变化 1 单位（如 PM 变化 1 $\mu g/m^3$）健康终端变化的百分数（对数关系下不是常数，所以用 γ 表示）。

模型的建立：一般采用环境流行病学和健康危险度评价两种方法，主要有长期队列研究和短期时间序列研究得出 PM10 质量年度与 β 值的关系。

评价健康经济损失：研究方法有疾病成本法（患病有关的直接费用和间接费用）和修正的人力资源法（生病或过早死亡造成的收入损失：参照人均 GDP 的贡献指标，注意现值的问题）。污染引起早死的经济损失的公式如下：

$$C_{ed} = P_{ed} \cdot \sum_{i=1}^{t} GDP_{pci}^{pv}$$

式中：C_{ed} 代表污染引起早死的健康损失；P_{ed} 代表污染引起早死人数；t 代表污染引起早死平均损失的寿命年数；GDP_{pci}^{pv} 代表第 i 年的人均 GDP 现值 $= \dfrac{GDP_{pc0}(1+\alpha)^i}{(1+\gamma)^i}$；$\alpha$ 代表人均 GDP 增值率；γ 代表社会贴现率。

本书的暴露—反应关系主要依据国外文献的研究。研究方法、对象、污染水平等的不同，以及污染健康阈值的不确定性等，都会给大气污染健康损失的估算带来不确定性。

3）水污染造成的健康损失

水污染物包括生物性和化学性污染物，可以选取肝炎病毒、痢疾杆菌、致癌物质等水污染物作为污染因子,而我国水检测仅涉及细菌总数和大肠菌群两个微生物指标,可以参照水污染对恶性肿瘤(胃癌、食道癌以及肝癌)等疾病的影响。水污染疾病的复杂传播途径(饮用、卫生习惯、生活方式、水质等)给水污染的统计带来困难,短时间内很难建立水污染与健康暴露反应的关系,可以考虑以取水方式(自来水、地下水、湖水、井水等)作为评价因子,比如非自来水一般安全性不高。水污染造成过早死亡人数的公式如下:

$$P_{ed} = 10^{-5} \cdot (f_p - f_t) p_e = 10^{-5} \left[\frac{OR - 1}{OR} \right] f_p p_e$$

$$f_p = f_t \cdot OR$$

式中:P_{ed}代表水污染造成过早死亡人数;f_p代表现状水污染死亡率;f_t代表清洁条件下死亡率;p_e代表评级对象人口数量;OR代表饮用水污染引起的疾病相对危险的比值比。

区域之间人口素质、生活方式的差异性,监测的不完善以及水污染物的复杂性,都会造成指标选取的困难和计算结果的不确定。

4)物质生产力损失评估

(1)大气污染造成的农作物经济损失评估。模型设立的依据是:相对于清洁对照区,污染区各种农作物产量的减产百分数。其公式如下:

$$C_{ac} = \sum_{i=1}^{n} a_i p_i S_i Q_{0i} / 100$$

$$a_i = f(X_1, X_2)$$

式中:C_{ac}代表大气污染导致农作物减产的经济损失;p_i代表农作物i的市场价格;S_i代表受影响农作物i的种植面积;Q_{0i}代表对照清洁区农作物i的单位面积产量;a_i代表大气污染引起农作物i减产的百分数;I代表农作物种类;X_1代表大气SO_2质量浓度;X_2代表酸雨的OH值。

国内外针对酸雨和 SO_2 对农作物影响的研究较多。水污染对农作物的影响,由于污水污染指数或者加权综合污染指数难以衡量,因此相关研究较少。

(2)大气污染造成的清洁成本。清洁的对象主要是大气中的"尘",一般参照 PM10 和总悬浮微粒(total suspended particulate, TSP),作为核算大气污染清洁费用的指标。大气颗粒物浓度的升高,将使个人卫生、衣物清洁、生产作业、路面清洁等清洁费用增加。

(3)污染性缺水的经济损失。我国主要有资源型、设施型以及污染型三种缺水类型。只有解决了资源型缺水,才会有后面两种缺水情况的出现。其公式如下:

$$EC_p = Q_{lp} \cdot p_s$$

式中:EC_p 代表污染型缺水造成的经济损失;Q_{lp} 代表污染性缺水量(计算其理论缺水量 = 需水量 − 实际供水量);p_s 代表水资源的影子价格;

需水量公式如下:

$$Q_{Ri} = \frac{365\,WI_i}{100\,C_i} \cdot p_i$$

式中:WI_i 代表地区单位人口最高综合用水量指标;p_i 代表地区规划应供水人口;C_i 代表用水日变化系数。

(4)固体废物堆存造成的占地经济损失评估。因为土地资源具有不可移动和稀缺的特性,所以固体废物的堆存将造成占地经济损失。其公式如下:

$$L = \sum_{i=1}^{n} E_i \cdot S_i$$

式中:L 代表占地当年造成的经济损失;E_i 代表第 i 种土地类型的影子价格;S_i 代表当年固体废物占用第 i 种土地类型的面积;i 代表占用土地的种类。

固体废物占用土地具有长期性,因此评估时需要考虑价值的贴现问题(国家参考标准贴现率为8%),按照不同用途的土地净效益与机会成本,选择其中最大者作为该土地的影子价格。

7.绿色GDP核算的思考

现实中所有生态环境的损失是很难通过货币来计量的,很多学者的计算尺度标准也不一样,导致绿色GDP核算的普及较为困难。这种困难主要体现在:一是污染对生物的破坏的价值核算。例如,大熊猫、白鳍豚等生物的价值很难估算。二是污染对环境损耗的价值核算。例如,大气被污染后,一方面,人类呼吸受污染的空气,会发生疾病,增加死亡率,损害价值很难估计;另一方面,降水形成酸雨会腐蚀土壤、植被及其他物品等,污染损失带有极强的分散性,其损害价值也是难以估算的。三是植树造林吸收了大量的二氧化碳,降低了碳排放,维护了生态系统的平衡,其价值也难以估算。可见生态环境的价值是多元的,需要构建市场与非市场的计算"桥梁"。正因为核算难度较大,很多国家已经不核算绿色GDP。

(二)自然资源资产负债表编制

国外的自然资源资产负债表大多基于联合国发布的SEEA2012指标体系,而且不再作为传统GDP的调整项,而是成为关于生态资产的独立核算项。"十三五"期间,江西省启动了自然资源资产负债表的试点,目的是摸清省内绿水青山的"家底",从会计核算的角度主要核算土地、森林、水资源及矿产资源等自然资源价值,数据涉及国土、林业、水利等部门,并形成报表。

1.编制的原则

自然资源资产负债表按照会计学的核算年度即公历1月1日至12月31日,以及会计核算原则"资产=负债+所有者权益"进行编制。自然资源在核算期初、期末的存量水平以及核算期间的变化量关系为:

期初存量＋本期增加量＝期末存量＋本期减少量

自然资源资产负债表的编制依据为：

自然资源资产－自然资源负债＝自然资源净资产

自然资源资产负债表(表 7-1)采用传统会计资产负债表的格式来编制。

表 7-1　自然资源资产负债表

编制单位：　　　　　　　　　　年　　月　　日　　　　　　　　单位:元

资产	期末余额	期初余额	负债和净资产	期末余额	期初余额
土地资源			自然资源损耗		
森林资源			自然资源破坏		
水资源			自然资源恢复费用		
矿产资源			……		
……			自然资源负债合计		
			计算:净资产		
自然资源资产合计			自然资源负债及净资产合计		

2.实物量与价值量的核算方法

自然资源的核算要先收集和统计实物量信息。例如,先收集土地、森林、水及矿产资源的实物量数据;然后通过一定的核算方法来计算价值量,主要包括经济价值和生态价值。一是进行市场交易的自然资源,可以采用公允价值法、净价法,即通过成熟的交易市场来倒推资源的价值,如矿产资源核算等。二是未进行市场交易的自然资源,如未开发的森林、水、土地等资源等,价值相对难以估算,一般采用替代市场法、成本法、支付意愿法等。

3.自然资源资产、负债及净资产的界定

按照会计学对资产、负债的定义,可以认为自然资源资产应该满足以下几个条件:一是拥有明确的所有权或使用权,所以太阳能、风能等资源不能核算;二是必须具有可检测和可计算性,实物量和价值量的数据可以获得和统计,所以已发现但是不能探明的矿产资源不能核算;三是必须能带来经济流入。自然资源资产负债表重点关注的是如何通过生态保护和运营,实现经济效益的增长。按照会计学的定义,自然资源负债是指企业或个人不合理的行为,给生态环境造成的损失,即经济利益的流出,但是对此学术界存在较大的分歧,有的学者认为自然资源只有资产的属性,没有负债的属性。本书认为自然资源负债就是客观反映自然资源的损耗、破坏及恢复费用。自然资产的净值,就是自然资源资产减去负债后的余额。

4. 自然资源资产负债表的思考

目前,生态价值量的核算工作均比较难以推动,大多数编制仍停留在实物报表的层面,因为非市场性的自然资源计量存在较大争议,缺少统一的评估方法。自然资源资产负债表的编制还存在以下几个问题:一是自然资源产权问题。江西省要尽快完善自然资源产权制度,创新资源检测技术,确保实物量数据的准确性,体现会计报表编制的严谨性。二是各数据提供单位的组织协调问题。自然资源资产负债表的数据需要国土、水利、林业等多部门互相配合才能得到,按照当前试点的情况,统计部门协调的压力较大,而且各部门数据统计时间也不一致,有的部门以 5 年或 10 年为一个统计周期,有的部门至今仅开展过 1～2 次统计。三是自然资源"家底"要与当前江西省推行的领导干部自然资源离任审计相结合,不断完善相关指标。

(三)生态系统生产总值核算体系

生态系统生产总值是基于国内生产总值的概念发展而来的,最早是在 2012 年由中国科学院生态环境研究中心提出来的,其目的是分析生态系统对人类社会发展的价值,是指一定区域内人类福祉和经济社会可持续发展提供的最终产品与服务价值的总和。生态系统生产总值核算主要涉及生态系统物质产品、生态系统调节服务与生态系统文化服务等 3 个一级指标(表 7-2),并分析其经济价值。其意义在于探索"生态有价"。生态系统生产总值的核算需要与国内生产总值的核算形成互补。例如,森林的树木如果被砍伐利用,则产生相应的国内生产总值;如果没有被砍伐而是生长,则可以吸收碳汇,则产生相应的生态系统生产总值,而且有可能还大于其国内生产总值的价值。当然,现实中不可能做到完全不砍伐树木,因此要找到两种核算方式的平衡关系。2022年江西省率先在遂川县进行生态系统生产总值定期核算试点。

表 7-2　生态系统生产总值(GEP)核算指标体系

一级指标	二级指标
生态系统物质产品	农业、林业、畜牧业、渔业等产品
	生物能、水能等生态能源
	花卉、苗木、装饰材料等
生态系统调节服务	水源涵养、气候调节、碳固定、氧气提供、空气净化、水质净化、土壤保持、污染物降解等调节功能
	防风固沙、洪水调蓄、物种保育、降低风暴灾害、海岸带防护等防护功能
生态系统文化服务	休闲旅游、美学欣赏、精神提升等景观价值
	文化认同、知识、教育、艺术灵感等文化价值

深圳早在2014年就开始在盐田区进行生态系统生产总值核算试点,并于2021年发布了"1+3"[①]生态系统生产总值核算体系,意味着该核算体系纳入国家标准研制。深圳作为全国首个建立完整的生态系统生产总值核算制度体系的城市,其核算基本涵盖了深圳改革开放以来的生态数据,既包含了生产、调节等一级标准,也包括了水源涵养、生态旅游、农林牧渔等日常人居需求,并且通过自动核算平台进行核算,最多涉及200多项数据。江西省可以借鉴深圳的先进经验,结合省情开展生态系统生产总值核算。

生态系统生产总值核算的是一个明确的区域内每一个生态系统最终的产品与服务,而非中间产品与服务,包括直接使用价值和间接收益

---

① "1"指"一个统领",即生态系统生产总值核算实施方案统领。"3"则是指生态系统生产总值核算的地方标准、统计报表制度以及生态系统生产总值自动核算平台。

价值,不核算其遗产及存在价值。生态系统生产总值核算根据相应的计划方法来计算经济价值量,并且需要将生态旅游、水土保持等完全不同的生态产品实物量,通过价值量计算转化为货币形式的产出,其公式如下:

$$生态系统生产总值(GEP) = 生态物质产品价值(EMV)$$
$$+ 生态调节服务价值(ERV)$$
$$+ 生态文化服务价值(ECV)$$

EMV 为每种生态物品产品功能量与生态物质产品价格的乘积和;同样 ERV、ECV 为每种生态调节服务产品或文化服务产品的功能量与对应价格的乘积和。

生态资产综合指数(EQ)可以用来评价"山水林田湖草",不同质量的生态资产实物量与相应的质量等级指数相乘积,然后与生态资产总面积和最高质量登记指数相比。

$$EQ = \sum_{i=1}^{n} \frac{\sum_{j=1}^{5}(EA_{ij} \times j)}{A \times 5} \times 100$$

式中:EA_{ij}代表第 i 类生态资产第 j 类等级面积;i 代表生态资产类型;j 代表生态资产质量等级指数;A 代表评价区域总面积。

通过比较不同年度的 EQ,可以评价生态资产保护的效果。

（四）环境会计核算体系

1. 企业环境核算体系的构建

绿色会计核算是国民经济核算体系的微观核算基础,要求企业从环境成本核算的角度,计量、记录企业生产经营过程中与环境污染、防治,资源开发、污染物循环利用等相关的成本费用,并适时向利益相关者披露环境支出、负债、利润及风险等信息,进而强化企业的行为。从企业微观角度构建环境成本收益核算体系,培养企业生态经营的理念,让企业从本质上认识到其成本的增加是因为外部环境污染的治理,而非环境保护税、环境费用等造成的,引导企业从根本上通过技术创新来降低企业成本,实现企业的可持续发展。

当前江西省内的企业针对环境管理的目标、措施及绩效等方面的披露较多,但是针对环境成本收益信息的核算披露比较少,定性的描述较多、定量的核算较少。因此政府要引导省内企业,尤其是资源类企业进行环境成本核算,设置环境核算相关科目,丰富环境资产、环境费用、环境收益、环境负债等四大要素的内涵,对外进行环境成本收益信息的披露。

企业环境核算体系要从生态会计的概念、核算的对象、主要目标以及假设等角度来进行构建。企业应改变传统会计核算的思维,把经营活动中的环境、资源成本也纳入会计核算的范围中来。会计核算应转变单一的货币计量方式,创新实物量计量、文字图表附注说明等形式。总之,企业环境会计核算体系应基于传统会计核算对象,注重对环境支出和收益的核算(图 7-6)。

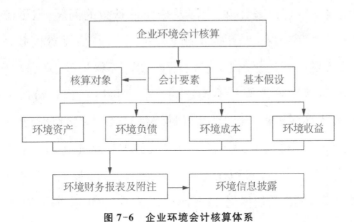

图 7-6　企业环境会计核算体系

2. 强化对环境资产、费用、负债及收益的核算

(1)能用货币进行计量或评估的,且能带来收益的自然资源,如土地、水域、草地、矿产等都应纳入环境资产范围。环境资产的开发恢复性周期很长或者不可恢复,而且其增减变动要遵循自然生态系统的规律,大多具有稀缺性。

其核算可以采用机会成本法、影子价格法、支付意愿法等进行计量。可以在现有的会计科目下,设置环保支出类的二级科目来表示;也可以单独设置环境会计核算科目。针对固定资产弃置费用的处理,如果当期未发生,应该采用预计费用的形式进行计算,最佳估计数以所在行业作为参考。国家也需要尽快制定相关的法律规范和准则,不能给企业从税收角度的操作空间。

(2)只要企业的经营行为带来了环境的负面影响,产生了损害行为,就需要承担相应的环境修复、罚款及赔偿等义务,纳入环境负债的范围。环境负债的义务具有可追溯性、连带性及不确定性,同时发生的概率和责任也经常难以估计。其中,针对环境保护税、矿产资源补偿费用以及相关罚款等合规性的环境负债比较容易计量;而针对土地、空气、水源等公共资源造成破坏的情况,比较难以界定,法律的约束较弱,界定和计量比较困难。

确定性的负债可以采用历史成本来计量,而未来修复性的支出可以采用重置成本或现值来计算,也涉及最佳估计数的问题,需要综合来考虑或有事项、概率大小、货币时间价值等因素。科目设置也最好基于现有的会计科目进行二级科目处理,比如设置环保借款、环保材料、环境保护税费、环保赔偿款等。不确定的负债则可以在预计负债下设置环保罚款、未决环保诉讼、弃置费用及环境修复义务等二级科目。

需要重点指出的是土地污染的修复义务相对大气、水而言更加难以核算,具有更大的隐蔽性、累积性及不可逆转性。其修复支出应该予以费用化,如果对应长期性价值变化并符合资本化条件,也可以进行资本化确认。

(3)环境成本是指企业为了担负环境的责任而对污染进行处理的成本,或者说企业为了使其产品达到环境制度的标准而发生的支出,涉及"大成本"的改变,包括资本化的环境成本和环境期间费用两部分。环境成本具体包括预防性的成本、已经发生需要补救的成本、消除"三废"影响的治理性成本以及对员工可能产生的隐形成本等。环境成本具有不确定性、滞后性、持续性以及政府政策的导向性等。

环境成本区别于其他经营成本,其表现为与生态环境保护相关的资产流出和负债的增加,如企业实施的污水治理工程等。将符合资本化的环境成本计入各类环境资产,不符合的计入环境损益类科目。环境成本的核算以货币计量为主,实物单位、劳动和技术指标以及文字说明等为辅;以历史成本计量为主,可变现净值、重置成本、机会成本等为辅;可以采用单独计算法、完全成本法、防护或恢复费用法等,依托权责发生制,基于成本效益原则,形成科学合理的核算体系。

其科目设置应该依托于传统的成本费用类账户,分为资本化环保成本和费用化环保支出的二级科目,将具有环保用途的支出作为环境成本,如环保培训费、环保污染处理费等。而针对兼有环保和正常使用功能的设备,可以将其与正常设备价格的差额作为环保成本。例如,正常设备 1 000 万元,环保设备 1 200 万元,则 200 万元可以计入环保成本支出。其计算公式如下:

$$C_d = \sum (C_n - C_o)$$

式中:C_d 代表设备环保差额支出,C_n 代表环保设备总支出,C_o 代表正常设备支出。

另外,涉及环保人员工资成本的支出,可以按照相应的比例计入环保成本:

$$C_p = \sum C_i \times R_i$$

式中:C_p 代表按比例计入环保成本支出,C_i 代表各类总成本总支出,R_i 代表环保成本计算比例。

通过上述方法,环境成本最终会计入制造费用并转为生产成本。

(4) 环境收益是与环境相关的收入,比如废料收入、生态产品销售收入、补贴收入、相关税收优惠政策、环境低息或无息贷款隐含收益、技术改进带来的税费和罚款等金额减少的机会收益、碳汇收入等。环境收益是企业采用环境资产获得的一种收益,而且可以用货币进行计量,采用权责发生制来核算,收益的获取较为稳定且具有持续性。

直接产生的环境收益可以直接核算,而保护森林、大气、土壤以及生物多样性等带来的间接环境收益就很难估计,可以采用差额计算或者影子价格法等来计算,如企业环保形象带来的收入、企业改善生态环境导致支出的减少额度等。

(5)在计算了环境资产、环境负债、环境成本及环境收益的基础之上,企业可以形成带有环境属性的资产负债表、利润表、现金流量表及相关附表说明等,并进行披露。环境信息披露是政府对生态环境的政策之一。江西省需要采用强制性的手段对企业破坏环境的行为进行约束,促使其改善生态环境,进而实现微观与宏观可持续发展目标的一致,尤其对钢铁、煤炭、造纸等企业进行约束,要求其披露环境资产、环境负债、环境成本及环境收益的相关内容。目前的环境信息披露以传统会计报表下的环境信息披露方式为主。按照环境信息披露要求,企业可以形成绿色资产负债表(表7-3)。

表7-3　绿色资产负债表

编制单位:　　　　　　　　　　年　　月　　日　　　　　　　　单位:元

资产	期末余额	期初余额	负债和所有者权益	期末余额	期初余额
流动资产:			流动负债:		
其中:绿色流动资产等			其中:绿色流动负债		
非流动资产:			非流动负债:		
其中:绿色非流动资产等			其中:绿色非流动负债等		
……			……		
			所有者权益:		
			其中:绿色盈余公积、未分配利润等		
			……		
资产总计:			负债及所有者权益总计		
其中:绿色资产总计			其中:绿色负债及所有者权益总计		

按照环境信息披露的要求,在传统利润表中反映绿色收益情况
(表7-4)。

表7-4 绿色利润表

编制单位: 年 月   单位:元

项目	行次	本月数	本年累计数
一、营业收入			
其中:"三废"产品或处理等营业收入			
减:营业成本			
其中:环保污染预防或治理等营业成本			
税金及附加			
其中:绿色税金及附加			
期间费用			
其中:环保支出相关的绿色期间费用			
二、营业利润			
其中:绿色营业利润			
加/减:营业外收支			
其中:绿色营业外收支			
三、利润总额			
其中:绿色利润总额			
减:所得税费用			
其中:绿色所得税费用			
四、净利润			
其中:绿色净利润			

根据环境会计信息披露要求,在传统的现金流量表中适当补充一
些环境相关项目,具体表现在生产经营活动、投资活动以及筹资活动
中,形成绿色现金流量表(表7-5)。

表7-5 绿色现金流量表

编制单位: 年 月   单位:元

项目	行次	金额
一、经营活动产生的现金流量		
其中:销售"三废"产品、环境保护收益等绿色经营现金收入		

（续表）

项目	行次	金额
支付绿色工资、环保费用、环保罚款或赔偿金等绿色现金支出		
二、投资活动产生的现金流量		
其中：处置绿色无形资产或固定资产、从事绿色投资等产生的现金净额		
三、筹资活动产生的现金流量		
其中：环保借款或偿还等产生的现金金额		

在报表的附注中，还应该披露企业主要的绿色投融资行为，绿色成本费用计量方法，绿色运营对企业经营状况及生态环境的影响，企业环境审计、环境或有负债及其他主要说明事项。

（6）完善社会监督体系。企业绿色会计核算离不开政府、社会各方的监督，如果仅从企业自身利益角度出发，很难促进企业主动进行污染治理。审计机关或者独立第三方可作为企业绿色会计核算监督机构。另外，需要加强绿色会计人才的培养，提高财会人员生态素质，掌握环境成本—收益核算方法，确保生态政策在企业得到有效落实。

第八章 结 论

21世纪,我国经济持续快速发展,但受粗放式经济发展的影响,我国生态环境遭受很大破坏,污染非常严重。党的十八大以来,生态文明建设融入"五位一体"总体布局,需要从各个角度来改善和修复生态环境,生态财税体制应运而生,其目的是减少资源浪费,治理环境污染,实现生态环境的可持续循环发展。

低碳经济发展将逐渐成为我国常态化的发展要求。低碳发展理念逐渐贯穿到全社会的发展之中。为了推动生态文明建设发展,实现"双碳"目标,财税政策作为主要的调控手段,我国需要从宏观设计的角度,分析财税政策方面存在的问题,探索建立系统化的生态财税体系,促进生态环境的有效保护和可持续发展。因此,探讨当前我国生态文明视角下的财税政策非常必要。

江西省作为我国生态文明试验区,其生态文明体制机制创新走在全国的前列,在生态财税创新方面也可以先行先试。江西省应通过优化生态财政结构,加大对生态补偿、低碳技术的财政资金扶持力度;通过对环境保护税、城市维护建设税等地方税种的机制创新,引导企业节能减排、低碳转型升级实现企业绿色发展;促进其他相关措施的协调配合,推动生态文明可持续发展。

生态环境治理、生态补偿制度建设都是循序渐进的过程,需要有长期而有效的机制予以保证。作为生态机制的构建者,政府应当肩负起各项配套设施的规划建设的责任,比如立法、补偿程序等各个方面。财税政策作为调控经济的重要手段之一,政府应当充分发挥其作用。完善促进生态经济发展的财税政策不仅是应对生态环境恶化、生态资源紧张等生态问题的有效举措,更是生态文明建设的迫切需要。因此,政府需要不断完善财税政策,引导并规范企业等主体的行为,推进生态经济高质量发展。做好碳达峰、碳中和工作是江西省当前和今后一个时期的一项重要任务,也是"十四五"时期推进江西省经济社会高质量、跨越式发展的重要抓手。

推动碳达峰、碳中和是一项涉及面广、时间跨度长的重大工程。江西省要围绕国家确定的总目标,坚持"绿水青山就是金山银山"的生态文明理念,以战略眼光超前布局,从顶层设计、经济、产业结构、工业、能源、建筑、交通、科技等方面共同推动,在满足当前经济增长需要的同时确保碳达峰、碳中和目标顺利实现。自改革开放以来,我国建立并逐步完善了排污收费制度,虽然取得了一定的成效,但随着我国经济的发展,环境污染问题越来越突出,排污收费制度对于污染的调节力度逐渐减小。这主要是因为排污收费制度存在刚性不足、收费标准不科学、收费范围偏窄及费用使用不规范等方面的问题。在此现实背景下,我国着力推进实施的环境保护税收制度,是对以往问题的直接回应。《环境保护税法》是我国第一部专门体现"绿色税制"、推进生态文明建设的单行税法,但其只针对生产环节的污染物征收税款,是生产环节的环境保护税收。我国绿色税制还有很长的路要走,后续的完善应从生产、流通、消费、分配等环节建立完整的税制,建立一套具有中国特色的环境保护税法制度。税收是调控污染治理的有效手段,江西省应通过税收手段控制和改善环境状况,间接激励企业提高生产效率,降低污染排放,逐步实现"减排与繁荣"并存的中国模式:政府、企业、社会三方各司其职,政府要充分发挥财税、金融等政策的调控作用引导企业绿色发展;企业要顺应国家政策,细化环境成本核算、提高环保设施的投入,推动企业自身可持续发展;社会各方要积极参与低碳经济发展,做好环境监督工作,实现人与自然和谐共生。

　　本书以江西省生态文明建设为研究对象,分析了我国生态文明财税的客观情况,结合发达国家生态文明税收的发展经验,找出我国生态财税应用过程中存在的不足,并为江西省构建生态财税制度提出了建议。

参 考 文 献

[1] 蕾切尔·卡森.寂静的春天[M].韩正,译.杭州:浙江工商大学出版社,2018.

[2] 罗伊·莫里森.生态民主[M].刘仁胜,等译.北京:中国环境出版社,2016.

[3] Gare A. To war dan ecological civilization[J]. Process Studies, 2010, 39(1):5-38.

[4] Magdoff F. Harmony and ecological civilization:Beyond the capita listalie nation of
      nature[J]. Monthly Review, 2012, 64(2):1-9.

[5] 周鸿.生态学的归宿:人类生态学[M].合肥:安徽科学技术出版社,1989.

[6] 李绍东.论生态意识和生态文明[J].西南民族学院学报(哲学社会科学版),
      1990(2):105-110.

[7] 申曙光,宝贡敏,蒋和平.生态文明:文明的未来[J].浙江社会科学,1994(1):
      49-53.

[8] 李建国.生态文明:人类未来的文明:关于人与自然持续发展的思考[J].生态学
      杂志,1996(6):71-74,78.

[9] 谢艳红.生态文明与当代中国的可持续发展[J].上海交通大学学报(社会科学
      版),1998(2)51-55.

[10] 潘岳.生态文明是社会文明体系的基础[J].中国国情国力,2006(10):1.

[11] 王慧敏.对建设生态文明的思考[J].学习论坛,2003(8):47-48.

[12] 王如松.生态与生态文明[C].中国生态文明建设论坛论文集,2008(6):19-24.

[13] 谷树忠,胡咏君,周洪,等.生态文明建设的科学内涵与基本路径[J].资源科学,
      2013(1):2-13.

[14] 赵振华.走向社会主义生态文明新时代:学习习近平总书记关于生态文明建设的重要论述[J].学习论坛,2015,31(2):28-31.

[15] 刘燕,薛蓉.生态文明内涵的解读及其制度保障[J].财经问题研究,2019(5):19-25.

[16] 王雨辰.论社会主义生态文明观的价值取向与特质[J].湖北社会科学,2021(7):5-10.

[17] Schneider F, Kallis G, Martinez-Alier J. Crisis or opportunity Economic degrowth for social equity and ecological sustainability: Introduction to this special issue[J]. Journal of Cleaner Production, 2010, 18(16):511-518.

[18] Baranenko S P, Dudin M N, Ljasnikov N V, et al. Use of environmental approach to innovation-oriented development of industrial enterprises[J]. American Journal of Applied Sciences, 2014, 11(2):189-194.

[19] Cohen B, Muñoz P. Sharing cities and sustainable consumption and production: Towards an integrated framework[J]. Journal of Cleaner Production, 2015, 134(3):1-11.

[20] Maniatis P. Investigating factors influencing consumer ecision-making while choosing green products[J]. Journal of Cleaner Production, 2016(132):1-14.

[21] Streimikiene D, Roos I.GH Gemission trading implication son energy sectorin Baltic States[J]. Renew able and sustainable energy reviews, 2009, 13(4):854-862.

[22] Sangbum Shin. China's failure of policy innovation: the case of sulphur dioxide emission trading[J]. Environmenta lpolitics, 2013, 22(6):918-934.

[23] Karan c Philippea. State and trends of the carbon market2009[J]. Euroheat and power, 2009, 6(3):24-25.

[24] 石山.建设生态文明的思考[J].生态农业研究,1995(2):1-3.

[25] 文戈.生态文明建设:可持续发展的基础[J].当代财经,1999(8):1.

[26] 金光风.营造绿色文化　建设生态文明[J].生态经济,2000(8):35-37.

[27] 邓集文.建设生态文明需要改革我国环保管理体制[J].生态经济,2008(6):156-159.

[28] 刘根华.建设生态文明的必要性和可能性[J].黑龙江史志,2008(6):27-28.

[29] 张婷婷.生态文明建设的科技需求及政策研究[D].锦州:渤海大学,2012.

[30] 张传峰,方会.我国生态文明建设必要性及有效方式研究[J].东方企业文化,2013(3):155.

[31] 丁宁.探究生态文明建设的科学内涵与基本路径[J].经贸实践,2018(1):9-10.

[32] 陈牧一.生态文明建设必要性与路径选择的理论思考[D].长春:吉林大学,2013.

[33] 黄世贤.社会主义生态文明建设新时代的基本特征和表现形式[J].中国井冈山干部学院学报,2013(3):115-120.

[34] 张理甫.新时代中国生态文明建设的主要特点与基本思路[J].中国集体经济,2019(12):75-76.

[35] 冯雪红,张欣.新时代生态文明建设的主要研究路径[J].中南民族大学学报(人文社会科学版),2021(2):67-77.

[36] 张伟伟,祝国平,张佳睿.国际碳市场减排绩效经验研究[J].财经问题研究,2014(12):35-40.

[37] 陈醒,徐晋涛.中国碳交易试点运行进展总结[A]∥薛进军.中国低碳经济发展报告:2017.北京:社会科学文献出版社,2017.

[38] 计紫藤,樊纲.碳达峰碳中和背景下的央行政策研究[J].江淮论坛,2021(3):69-74.

[39] 周莹莹,贺倩,李楠.江苏省重点工业行业碳减排驱动因素研究[J].环境保护与循环经济,2018(8):7-11.

[40] 张立,等.中国城市碳达峰评估方法初探[J].环境工程,2020,38(11):1-5,43.

[41] 李治国,王杰.中国碳排放权交易的空间减排效应:准自然实验与政策溢出[J].中国人口·资源与环境,2021(1):26-36.

[42] 胡鞍钢.中国实现2030年前碳达峰目标及主要途径[J].北京工业大学学报(社会科学版),2021(3):1-15.

[43] 林伯强.碳中和背景下的广义节能:基于产业结构调整、低碳消费和循环经济的节能新内涵[J].厦门大学学报(哲学社会科学版),2022,72(2):10-20.

[44] Marshall A. Principles of Economics (8th ed.) [J]. Political Science Quarterly, 1947,31(77):430-444.

[45] Pigou A C. The economics of welfare[M]. London: Macmillan & Co, 1928.

[46] Tushman M Land O'Reilly C A. Winning through innovation: Apractical guide to leading organizational change and renewal [M]. Cambridge: Harvard Business Press, 2013.

[47] Braulke M, Endres A. On the economics of effluent charges[J]. Canadian Journal of Economics/revue Canadienne D'economique, 1981, 18(4):891-897.

[48] Pearce D. The role of carbon taxes in adjusting to global warming[J]. The Economic Journal, 1991(101):938-948.

[49] Feinerman E, Plessner Y, Disegni Eshel D M. Recycled effluent: Should the polluter pay? [J]. American Journal of Agricultural Economics, 2001, 83(4):958-971.

[50] Peterson J K. Post synaptic density (PSD) computational objects: abstrations of plasticity mechanisms from neurobiological substrates [C]// Conference on Computational Neuroscience: Trends in Research. Plenum Press, 1997.

[51] Patuelli, Roberto P, Nijkamp E pels. Environmental tax reform and the double dividend:AMeta-analytical performance assessment[J]. Ecological Economics, 2005 (4):564-583.

[52] Ian Bailey, European environment altaxes and charges: economic theory and policy practice[J]. Applied Geograpy, 2002(22), 235-251.

[53] Ghaderi S, A Feizi, F Kashi, et al. The effects of greent ax one mission of environ mental pollution inI-ran[J]. International Journal of Resistive Economics, 2016(4): 25-29.

[54] Sundar S, A Mishra, R Naresh. Effect of environmental tax on carbon dioxide emission:Amathe matical model[J]. International Journal of Applied Mathematics & Statistics, 2016(1):16-23.

[55] Shmelev S E, Speck S U. Green fiscal reform in Sweden: Econometric assessment of the carbon and energy taxation scheme [J]. Renewable and Sustainable Energy

Reviews, 2018, 90(JUL.):969-981.

[56] Cumberland J H. Efficiency and equity in Inter regional environmental management [J].International Regional Science Review, 1981, 10(2):325-358(34).

[57] Moretti E. Workers' education, spillovers, and productivity: Evidence from plant-level production functions[J]. American Economic Review, 2004, 94(3).124.

[58] Lehoczki Z. Coordinating environmental and fiscal policy in Hungary: Possibilities and constraints[J]. 1999.

[59] Bernauer T, Koubi V. Are bigger governments better providers of public goods evidence from air pollution[J]. Public Choice, 2013, 156(3-4):593-609.

[60] Levinson A. Environmental regulatory competition: as tatus report and some new evidence[J]. National tax journal, 2003, 56(1):91-106.

[61] Stewart R B. Pyramids of sacrifice? Problems off ederalisminm an dating state implementation of national environmental policy[J]. Yale law journal, 1977, 86 (6):1196-1272.

[62] Kunce M, Schgren J F. Destructive interjuris dictional competition: firm, capital and labor mobility in amodel of direct emission control[J]. Ecological economics, 2007, 60(3):543-549.

[63] Holmstrom B, Milgrom P. Multi-task principal-agent analyses: Incentive contracts, asset ownership and job design.[J]. Journal of Law, Economics and Organization, 1991(7): 24-52.

[64] Mintz J, Tulkens H. Commodity tax competition between member states of a federation: equilibrium and efficiency[J]. Journal of Public Economics, 1986, 29 (2): 133-172.

[65] Avik Sinha, Siddhartha K, Rastogi. Collaboration between central and state government and environmental quality: Evidences from Indian cities[J]. Atmospheric Pollution Research, 2016.

[66] Monasterolo I, Raberto M. The EIRIN flow-of-funds behavioural model of green fiscal policies and green sovereign bonds[J]. Ecological Economics, 2018(144):

228-243.

[67] Gramkow C, Anger-Kraavi A. Could fiscal policies induce green innovation in developing countries? The case of Brazilian manufacturing sectors[J]. Climate Policy, 2017:1-12.

[68] Halkos G E, Paizanos E A. The effect of government expenditure on the environment: An empirical investigation[J]. Ecological Economics, 2013, 91(Jul.): 48-56.

[69] Eriksson C, Persson J. Economic growth, inequality, democratization, and the environment[J]. 2003, 25(1):1-16.

[70] Abdessalam A H O, Kamwa E. Tax competition and the determination of the quality of public goods[J]. Economics E-Journal, 2013, 8(12).

[71] Brammer S, Walker H. Sustainable procurement in the public sector: an inter national comparative study[J]. International Journal of Operations & Production Management, 2011, 31(4):452-476.

[72] Vatalis K I, Manoliadis O G, Mavridis D G. Project performance indicators as an innovative tool for identifying sustainability perspectives in green public procurement [J].Procedia Economics and Finance, 2012(1):401-410.

[73] 王金南,等.市场经济过渡期中国环境税收政策的探讨[J].环境科学进展,1994 (2):5-11.

[74] 王晓光.对我国开征生态税收的构想[J].税务,1998(10):8-9.

[75] 计金标.生态税收论[M].北京:中国税务出版社,2000.

[76] 欧阳洁,张静堃,张克中.促进生态创新的财税政策体系探究[J].税务研究, 2020(9):105-110.

[77] 谭珩,傅靖,张楠,等.建设生态文明的税收政策研究[J].税务研究,2008(8): 40-44.

[78] 钱巨炎.为生态文明建设创造良好的税收环境[J].政策瞭望,2010(7):32-34.

[79] 王辉.促进我国低碳经济发展的财税政策研究田[J].西部财会,2011(3): 21-24.

[80] 苏明,等.财政宏观调控优化研究[J].财政研究,2012(4):13-19.

[81] 孙荣洲.在生态文明建设中发挥税收职能作用[J].中国税务,2015(11):36-37.

[82] 蒋金法,周材华.促进我国生态文明建设的税收政策[J].税务研究,2016(1):88-92.

[83] 李平.绿色税收"组合拳"助力生态文明建设[N].中国财经报,2017-12-26(006).

[84] 赵蕾.我国的环境税收体系建设研究[D].北京:首都经济贸易大学,2012.

[85] 郑熠,雷良海.环境税改革难点研究[J].改革与开放,2015(3):41-42.

[86] 卢洪友,张靖好,许文立.中国财政政策的绿色发展效应研究[J].财政科学,2016(4):100-111.

[87] 刘志雄,黎亚男.我国生态税收体系构建路径探索[J].生态经济,2018(3):68-71.

[88] 李英伟.新时代我国生态税费体系的协同性设计[J].吉林师范大学学报(人文社会科学版),2021(3):77-84.

[89] 李升.征收环境税的风险分析[J].税务研究,2011(7):40-43.

[90] 张宇杰,时苗.浅谈环境保护税法的完善[J].河北企业,2022(3):134-136.

[91] 吴俊培,万甘忆.财政分权对环境污染的影响及传导机制分析:基于地市级面板数据的实证[J].广东财经大学学报,2016(6):37-45.

[92] 郑颖.对建设生态文明税收制度的研究[J].涉外税务,2008(11):26-28.

[93] 刘丽萍.生态文明建设的财税政策探讨[J].农村经济,2009(2):87-89.

[94] 杨志勇.适应生态文明建设的税收政策选择[J].税务研究.2016(7):3-7.

[95] 钟美瑞,曾安琪,黄健柏,等.国家资源安全战略视角下金属资源税改革的影响[J].中国人口·资源与环境,2016(6):130-138.

[96] 中国国际税收研究会,北京市地方税务局课题组.推动"绿色税制"建设的国际借鉴研究[J].国际税收,2018(1):18-23.

[97] 李春根,王雯.生态文明建设视域的新一轮税制改革方略[J].改革,2019(7):132-140.

[98] 王梦媛.资源税对保持生态功能与经济发展的影响研究[D].南京:南京信息工

程大学,2021.

[99] 杨蓓,李霞.初探"绿色财政"[J].财政研究,1998(6):7-8.

[100] 王金南,吴舜泽,禄元堂,等.中国环境科学学会学术年会优秀论文集[C].北京:中国环境出版社,2007.

[101] 曾纪发.构建我国绿色财政体系的战略思考[J].地方财政研究,2011(2):64-67.

[102] 刘西明.绿色财政:框架与实践浅述[J].中国行政管理,2013(1):124-125.

[103] 王桂娟,李充.构建绿色财政加强生态文明建设[J].中国财政,2019(12):51-53.

[104] 曹洪军,刘颖宇.我国环境保护经济手段应用效果的实证研究[J].理论学刊,2008(12):50-53.

[105] 刘成玉,蔡定坤.公共财政撬动生态文明:切入点与配套政策[J].中国林业经济,2011(1):1-4.

[106] 朱小会,路远权.开放经济、环保财政支出与污染治理:来自中国省级与行业面板数据的经验证据[J].中国人口·资源与环境,2017(10):10-18.

[107] 李宏岳.我国地方政府环保财政支出和环保行为的环境治理效应实证研究[J].经济体制改革,2017(4):130-136.

[108] 王金南,程亮,陈鹏.国家"十三五"生态文明建设财政政策实施成效分析[J].环境保护,2021(5):40-43.

[109] 张亮亮.绿色发展视阈下的县域财政困境及对策探讨[J].西部经济管理论坛,2013(10):34-44.

[110] 李程宇,邵帅.可预期减排政策会引发"绿色悖论"效应吗:基于中国供给侧改革与资本稀缺性视角的考察[J].系统工程理论与实践,2017,37(5):1184-1200.

[111] 王育宝,陆扬.财政分权、税收负担与区域生态环境质量[J].北京理工大学学报(社会科学版),2020,22(3):1-13.

[112] 杨志安,吕程.财政分权视角下中国经济发展质量效应[J].地方财政研究,2021(2):69-78.

[113] 谢乔昕.中国式分权对环境污染影响效应研究:基于地方政府竞争的视角[J].
山东财经大学学报,2014(6):72-76.

[114] 辛冲冲,周全林.财政分权促进还是抑制了公共环境支出:基于中国省级面板
数据的经验分析[J].当代财经,2018(1):24-34.

[115] 吴勋,白蕾.财政分权、地方政府行为与雾霾污染:基于73个城市PM2.5浓度
的实证研究[J].经济问题,2019(3):23-31.

[116] 张腾,蒋伏心,韦朕韬.财政分权、晋升激励与经济高质量发展[J].山西财经大
学学报,2021(2):16-28.

[117] 张宏翔,张宁川,匡素帛.政府竞争与分权通道的交互作用对环境质量的影响
研究[J].统计研究,2015,32(6):74-80.

[118] 陆凤芝,杨浩昌.环境分权、地方政府竞争与中国生态环境污染[J].产业经济
研究,2019(4):113-126.

[119] 顾玮,廖良美.加入GPA政府绿色采购的生态效应与保障措施[J].特区经济,
2015(4):85-88.

[120] 杨巨晨.低碳经济背景下政府绿色采购水平评价与分析[D].太原:山西财经
大学,2015.

[121] 傅京燕,章扬帆,乔峰.以政府绿色采购引领绿色供应链的发展[J].环境保护,
2017,45(6):42-46.

[122] 冼诗尧.基于4E理论的政府绿色采购政策实施效果研究——以H市为例
[D].南宁:广西大学,2021.

[123] 崔龙燕,张明敏.生态保护补偿中政府角色定位与权力配置[J].地方财政研
究,2019(2):101-106.

[124] 王丽民,刘永亮.环境污染治理投资效应评价指标体系的构建统计与决策[J].
2018,34(3):38-43.

[125] 丁力.关于财政支持生态环境保护的探析[J].财政监督,2021(20):79-85.

[126] 马克思.资本论[M].北京:人民出版社,2004.

[127] 卢相君,时军.绿色会计[M].北京:中国环境出版社,2016.

[128] 孙恒,王彦卓.企业绿色会计理论与应用研究[M].北京:经济科学出版

社,2014.

[129] 欧阳志云,靳乐山,等.面向生态补偿的生态系统生产总值(GEP)和生态资产
核算[M].北京:科学出版社,2018.

[130] 饶友玲,刘子鹏.西方国家绿色税收实践对我国绿色税收改革的借鉴意义[J].
经济论坛,2017(7):147-152.

[131] 周旭,郭天昱.环境税收体系的国际经验借鉴与启示[J].财会通讯,2021(9):
159-163.

[132] 李建军,刘紫桐.中国碳税制度设计:征收依据、国外借鉴与总体构想[J].地方
财政研究,2021(7):29-34.

[133] 刘梅影,罗斌华,等.国家生态文明试验区(江西)推进碳达峰、碳中和的进展、
挑战及对策分析[J].环境保护,2021(17):74-76.